普通高等教育教材

吉林省普通本科高校省级重点教材

环境工程实习实训指导教程

周丹丹　付　亮　崔　斌　主编

化学工业出版社

·北京·

内容简介

《环境工程实习实训指导教程》面向新时期环境工程专业的人才培养需求，以培养综合创新型、复合应用型人才为目标，在顶层设计方面构建环境工程实践教学框架结构，在教学内容遴选方面强调更可持续发展的污染物质资源化技术，在人才培养方面聚焦综合创新实践能力、多维度立体化的工程思维模式，在实施过程方面细化实习的组织筹划与考核评价方法。教材分为概述、基础知识、实习实训活动、综合创新实验训练四个部分，内容涉及城市污水处理、工业废水处理、大气污染治理、固体废物处理与资源化、土壤污染修复、环境质量监测、环境微生物等方面的理论知识、实习实践、创新训练。

本教材可作为环境工程及相关专业的高等教育本科生、职业教育学生、在岗培训学员实习实践训练课程的教材或参考书。

图书在版编目（CIP）数据

环境工程实习实训指导教程 / 周丹丹，付亮，崔斌主编. -- 北京：化学工业出版社，2025. 7. --（普通高等教育教材）. -- ISBN 978-7-122-48301-0

Ⅰ. X5

中国国家版本馆 CIP 数据核字第 20259TW911 号

责任编辑：郭宇婧　满悦芝　　　　　装帧设计：张　辉
责任校对：宋　玮

出版发行：化学工业出版社
　　　　　（北京市东城区青年湖南街 13 号　邮政编码 100011）
印　　装：北京印刷集团有限责任公司
787mm × 1092mm　1/16　印张 7　字数 168 千字
2025 年 8 月北京第 1 版第 1 次印刷

购书咨询：010-64518888　　　　　售后服务：010-64518899
网　　址：http://www.cip.com.cn
凡购买本书，如有缺损质量问题，本社销售中心负责调换。

定　　价：28.00 元　　　　　　　　版权所有　违者必究

前言

实习实践类课程在高等教育、人才培养过程中发挥着重要作用。环境工程专业实习实训是提高学生实践能力和创新能力的重要课程，是学生进入行业领域、开展实践活动和从事专业工作的桥梁，是高等院校实施素质教育、实现人才培养目标的重要保证。为了满足新时代环境工程专业的人才培养需求，解决国家经济社会快速发展中的生态环境问题，实习实践教学需要一本深化可持续发展理念、培养学生综合实践创新能力、教学理论体系完善的实习课程通用教材。

为深入贯彻实施教育部《普通高等学校教材管理办法》，进一步加强吉林省普通本科高校教材建设工作，吉林省教育厅开展了首批本科高校省级重点教材立项建设工作。经过东北师范大学初评推荐、省教育厅组织专家评审、省校两级公示等环节，本书被列为吉林省普通本科高校省级重点教材。

本教材主要面向环境工程及相关专业的高等教育本科生、职业教育学生、在岗培训学员，以培养学生综合实践能力为宗旨，重构实习实训教材框架结构、拓展实习内容、增加创新实践、细化实施过程，构建系统完备的环境专业实习实训课程教学体系，提供与时俱进的实习内容，旨在培养学生工程应用技术水平和综合创新实践能力。

本教材共四章，分为概述、基础知识、实习实训活动、综合创新实验训练等部分，内容涉及城市污水处理、工业废水处理、大气污染治理、固体废物处理与资源化、土壤污染修复等方向的理论知识与实习实践，创新实验训练的特色内容有校园环境质量监测，校园水体浮游藻类生物监测与评价，A^2O处理校园生活污水的工艺运行与管控，反硝化滤池污水深度脱氮工艺运行与维护，低温硝化细菌的筛选、鉴定与应用，超滤-反渗透海水淡化工艺运行与调控，剩余污泥的厌氧消化处理工艺运行与调控等。全书由周丹丹制订编写提纲，负责编写2.1、3.1、4.3、4.5，付亮编写2.3、3.3、4.7，崔斌编写2.4、4.4，路莹编写2.2、3.2，王艺编写1.1、1.2，于洪斌编写4.1，王小雨编写4.2，耿直编写4.6。本教材由付亮统稿，周丹丹定稿。另外，崔晓春、张崇军为教材的编写提供了素材和资料，教材编写参考了国内外相关资料，在此向作者一并致谢。

由于编者水平和经验有限，本书难免有疏漏之处。欢迎使用本教材的广大读者提出宝贵意见和建议。

周丹丹

2025年3月

目 录

第1章

概 述

1.1 实习实训简介

1.1.1 环境工程专业实习实训目的、任务与意义

环境工程专业实习实训是环境工程专业的重要实践教学环节，通过理论与实际结合，提高学生对知识的综合运用水平，培养学生发现、分析、解决复杂环境问题的实践能力。通过专业实习实训，可以增强学生对环境工程运行管理的认知，巩固和加深学生对专业理论知识的理解和掌握，并为将理论知识运用到实际工作中打下坚实的基础。

环境工程专业实习实训不仅可以使学生更深入地理解和掌握专业知识，更直接地参与环境工程生产实践和训练，而且可以让学生了解实际环境工程中存在的问题，了解理论与实际的矛盾冲突及其解决思路和方法，进而培养和提高学生知识综合应用能力，以及分析和解决专业问题的能力。

环境工程专业实习实训的任务是根据实习目的而设定的，主要包括：①为巩固学生的专业理论知识，培养学生分析问题和解决问题的能力，需通过对环境工程的现场开展勘探和调查研究，使学生对理论知识的实践应用有更深入的了解，增强认知，加强理论与实践的联系，并让学生通过调查研究，为其毕业设计和创新实验收集资料；②通过专业实习和职业技能训练，让学生学习体验环境污染治理的生产工艺、调试操作、运行管理等过程，积累一线实际工作经验，获得环境工程专业的实际知识和专业技能，并培养学生的劳动观念和动手能力；③通过工程实践，提高学生专业实践技能，培养其综合业务能力和岗位责任意识，为学生的职业发展规划及未来从事工艺生产和技术管理类工作奠定良好的基础。

环境工程专业实习实训是专业人才培养方案中必不可少的教学环节，是遵循高等教育发展理论、实现专业教育和素质教育相统一的重要环节，是遵循专业人才培养规律，实现理论与实际融合、高等教育和实际生产协同发展的重要途径，是培养学生获得实际生产知识和管理经验、锻炼其独立工作能力的重要手段，对全面贯彻党的教育方针、推动国家生态文明建设和绿色低碳发展具有重大意义。

1.1.2 环境工程专业实习实训方案与计划安排

通过环境工程专业实习实训，要达到的学习目标主要包括：①加深对环境工程专业基本

理论知识的理解；②熟悉环境工程常规处理工艺；③了解并掌握环境工程工艺流程及工艺运行管理，掌握主要构（建）筑物和设备的构造设计、工作原理、运行维护方法和安全生产要求；④掌握环境工程生产运行的重要技术指标和运行参数测定方法；⑤了解环境工程建设运行的经济、环境和社会效益。

为实现环境工程专业实习实训的教学目标，需要制定完善的专业实习实训方案和计划，需对实习的内容、场所、时间分配进行科学合理的设置和安排。表1-1为环境工程专业实习实训活动和综合创新实验训练的内容与学时计划，供读者参考。

表1-1　环境工程专业实习实训计划安排

分类	实习内容	实习地点	学时
前期准备（10学时）			
布置任务	布置任务、收集资料	教室、图书馆	8
组织动员	实习动员	教室	2
实习实训活动（100学时）			
分类	实习内容	实习地点	学时
污水处理与再生利用工程实习	城市污水处理厂实习	市政污水厂	20
	焦化废水处理与回用实习	焦化厂	12
	石化污水处理厂实习	石化厂	12
大气污染控制工程实习	供热公司大气污染控制实习	供热公司	8
	水泥厂内的大气污染控制实习	水泥厂	8
	热电厂内的大气污染控制实习	热电厂	12
固体废物处理与处置工程实习	生活垃圾填埋场实习	填埋场	14
	生活垃圾焚烧发电厂实习	垃圾焚烧厂	14
综合创新实验训练（选做24学时）			
分类	实习内容	实习地点	学时
环境监测	校园环境质量监测	校园	12
	校园水体浮游藻类生物监测与评价	校园	12
污水净化	厌氧-缺氧-好氧处理校园生活污水的工艺运行与调控	实验室	12
	反硝化滤池污水深度脱氮工艺运行与维护	实验室	12
功能微生物	低温硝化细菌的筛选、鉴定与应用	实验室	12
膜技术	超滤-反渗透海水淡化工艺运行与调控	实验室	12
固废资源化	剩余污泥的厌氧消化处理工艺运行与调控	实验室	12
总结评价（10学时）			
撰写报告	撰写实习报告	教室	6
综合评价	展示答辩、成绩评定	教室	2
总结	实习总结	教室	2

1.1.3 环境工程专业实习实训的特点及培养要点

1.1.3.1 环境工程专业实习实训的特点

（1）实践性

专业实习实训是指组织学生进入环境工程实际现场，直观学习生产实践知识，直接参加实践活动，向现场工程技术人员和管理人员学习工程运行管理知识和经验，并在其指导下进行实践操作。因此，环境工程专业实习实训具有极强的工程实践性。

（2）双重性

专业实习实训既要遵循教育教学规律，又要遵循生产实践规律。在专业实习实训过程中，学生既是学习者，又是实践操作者，具有双重身份。专业实习实训期间，学生既要学习专业知识，又要通过实际操作提高技能、提高素质，具有双重任务。

（3）独立性

专业实习实训需要进入环境工程实际现场，通常远离学校，成为独立的教学团体。专业实习实训期间，带队教师需要代表学校实行全面领导和管理，独立对实习实训学生的业务学习、政治思想、生活管理、人身安全等全面负责。因此，专业实习实训环节在教学课程体系中具有相对的独立性。

（4）灵活性

环境工程的建设运行通常会随着条件、环境和临时任务变化而呈现出不同的实际生产状态，因此，为了使学生能取得良好的实习实训效果，在专业实习过程中，应根据工程实际情况，对实习实训的教学方式和方法、实习的具体对象和内容，及时做出必要合理的调整。因此，专业实习实训必须具有一定的灵活性。

1.1.3.2 环境工程专业实习实训的培养要点

（1）知识能力培养要点

① 掌握环境工程各种单元工艺的基本原理、设计原则、计算方法、功能作用和运行影响参数等方面的知识；

② 掌握仪器分析和化学分析的理论知识与操作技能，并且具备常用分析测试仪器的维护能力；

③ 具有调查、分析和评价水、大气、固废、物理性污染等环境影响的综合能力；

④ 具有开展环境工程设计、运行管理工作的初步能力；

⑤ 具有污染防治工程设施、设备的运行维护能力；

⑥ 具有应用现代技术手段进行数据处理和解决本专业问题的初步能力。

（2）素质意识培养要点

① 实践意识。树立起实践是认识的基础，是检验真理的唯一标准的意识，体会理论知识需要接受实践的检验并在实践中得到发展的客观性。

② 科学意识。尊重科学，坚持把社会科学、自然科学的理论应用于实际生活生产，在科学理论的指导下开展实践活动。

③ 社会意识。认识到人的实践活动具有社会性，实践的开展要在社会中进行，实践的目的是促进社会发展，人的能力素质培养也需要在社会实践中进行。

④ 协作意识。通过专业实习和工程实践，懂得当今任何成果的取得越来越需要人与人之间的协作。

⑤ 创新意识。创新是推动文明社会发展的第一动力，创新是在总结经验、不断实践的基础上实现的。

⑥ 价值意识。经济价值、社会价值、环境价值等都是实践活动应该考量的必要标准。

1.2 实习实训组织与管理

为保证专业实习实训目的和任务的顺利实现和完成，不仅需要制定完善的专业实习实训方案和计划安排，还需要对专业实习的整个过程进行有效的组织和管理，主要包括指导教师组成与工作职责、学生的行为规范与要求、实习前期准备、实习实训动员，以及安全教育等。

1.2.1 指导教师组成与工作职责

指导教师由专业教师和企业技术人员联合组成。指导教师的职责主要包括：①完成实习实训的前期准备工作，同时需要了解学生思想和学习情况；②与实习单位协调落实实习实训内容；③带领学生进入现场并指导学生专业实习实训，协同实习单位解决实习实训中出现的问题；④做好实习实训成绩考核评定工作；⑤编写实习实训工作总结报告，提出相关意见和建议。

1.2.2 学生行为规范与要求

为了提高对学生的指导效率，在实习实训过程中可将学生分成若干个小组，每组 8～10 人。学生应该积极主动做好实习实训中的各项工作，完成实习实训任务。对学生的基本要求主要包括：①服从指挥，认真学习，按照实习实训的内容与要求全面完成规定的项目；②尊重工人、工程技术人员和管理人员，虚心接受现场人员指导；③严格遵守实习纪律、实习单位的规章制度、现场操作规程，注意个人言行举止，珍惜学校声誉；④遵守请假制度。实习实训期间原则上不准请假，由于特殊原因必须请假时，必须获得指导教师同意（病假需提供医生诊断证明），并经过实习领导小组批准，如实习实训缺勤 1/3，视为本次实习无效；⑤认真填写实习日志，按时完成实习思考题和作业，写好实习总结。

1.2.3 实习前期准备

学生需提前熟悉实习实训过程中需要用到的基础知识和实践技能，收集查阅相关材料，开阔视野，丰富知识储备。学生需提前查阅实习实训指导手册，了解实习实训的目标、内容、过程及相关要求，并在此基础上进行广泛的资料收集和精细准备。例如，通过网络、图书馆、数据库等，收集国家污染物排放标准、环境工程领域发展现状、治理技术发展前沿动态等资料，也可借阅往届学生实习报告，复习教材和学习笔记，为实习实训做好知识准备。

实习实训前，指导教师需提前与实习单位进行联系和沟通，明确实习实训的人数、时间、内容，以及相关要求。实习单位需提前安排好人员、场地、工具备品等，做好接待实习实训的相关准备。学生应准备好个人装备和物品，以应对天气变化和野外工作环境。

1.2.4　实习实训动员

实习动员是开展专业实习实训的必要环节，一般在进入实习现场前举行。指导教师和学生均需参加实习实训动员会，指导教师向学生说明本期实习实训的内容、任务，以及进度安排，告知学生实习实训报告撰写事项和实习实训考核评价方式，同时详细介绍实习实训过程中的纪律要求、注意事项、安全防范和规章制度。指导教师对参加实习实训的学生进行分组，充分考虑学生在成绩和性别等方面的结构搭配，选出组长和副组长，此外还要为学生答疑，指导学生做好实习实训准备。

1.2.5　安全教育

实习单位都有生产安全的相关要求，有些企业可能存储和使用易燃、易爆和有毒有害危险品，实习实训过程中学生会接触到机械电气设备。因此，进入实习单位之前，必须对学生进行安全教育，使其掌握用电、防火、防爆、防毒，以及急救等安全生产方面的基本知识。在实习实训现场，学生必须服从指导教师安排，严格遵守操作规程，不可随意触碰任何开关、按钮、阀门等，严格执行实习单位工作人员的要求，严格遵守实习单位的各项规章制度，遵守带队教师制定的各项实习实训纪律。

主要参考文献

杨旭，王忠良，陈强，等．浅议大学综合环境实习对学生专业素质的培养［J］．中国校外教育，2019，6：
　　46-47．

第2章

基础知识

2.1 水污染控制与资源化

2.1.1 城市污水处理与资源化

2.1.1.1 城市污水处理与资源化的意义

污水处理与资源化是国家战略需求。2015 年 4 月，国务院正式印发《水污染防治行动计划》（简称"计划"）。"计划"提出要加快城镇污水处理设施建设与改造，2020 年底前达到相应排放标准或再生利用要求。专家预测，到 2020 年完成"计划"相应目标需投入资金约 4 万亿～5 万亿元，通过大力投资污染治理、环保装备研制、污染治理科技的研发，以及提高产业化水平等重要举措，使得环保产业新增产值约 1.9 万亿人民币，其中用于购买环保产业产品和服务的产值占 73%，约 1.4 万亿人民币，这使得环保产业成为经济增长新的要点。

水资源再生与利用是缓解水资源短缺和生态环境恶化的一个重要且行之有效的途径，已引起世界各国的广泛重视。尽管未来我国污水处理设施建设还将持续快速发展，并完成污水处理设施基本建设任务。但是，中央城镇化工作会议已将能源利用效率、环境质量等列入新时期城镇化的重要内涵，这预示着中国城市污水处理事业将迎来以可持续发展为核心的全新时期。未来的发展应该着重技术成果的应用，重点推广节水、水污染治理、雨水收集再利用、再生水回用技术等，加快研发重点行业废水深度处理、生活污水低成本高标准处理、海水淡化和工业高盐废水脱盐、地下水污染修复、危险化学品事故和水上溢油应急处置等技术。

2.1.1.2 城市污水的性质与污染指标

城市污水一般来源于集水范围内的生活污水、工业废水和径流污水。具体来讲，生活污水是指日常生活中被生活废料所污染的水；工业废水包含生产中被原料污染的生产污水和未被直接污染的生产废水两部分；径流污水是被空气和地面的污染物污染的雨水。

城市污水的水质可用物理性指标、化学性指标和生物指标等描述。表 2-1 以某城市污水水质指标为例，阐释了城市污水的典型特征。化学需氧量（COD）、生化需氧量（BOD）、悬浮物（SS）、氨氮（NH_4^+-N）和总磷（TP）等宏观污染物一直是水质核心指标，也是污水处理工艺选择的关键依据。大规模城市污水处理厂二级处理工艺中广泛采用生物处理法，但前提条件是污水具有可生化性，即 $BOD_5/COD_{Cr} > 0.3$。自《国家环境保护"十二五"规划》以来，城市污水排放时对脱氮除磷的要求日益严苛，因而脱氮除磷工艺在城市污水处理厂中被广泛应用。

表 2-1 某城市污水水质指标

指标	SS/ (mg/L)	BOD_5/ (mg/L)	COD/ (mg/L)	NH_4^+-N/ (mg/L)	TP/ (mg/L)
浓度	220	180	400	40	4

现代工业的发展给人类的生产生活带来便利的同时，也带来了严重的水环境污染，致使城市污水的性质愈发复杂。一些药物活性化合物（PhACs）、药物与个人护理品（PCPs）、内分泌干扰化合物（EDCs）等新兴污染物（ECs）在城市污水中被广泛检出，可能会对人类内分泌系统、生殖系统和心血管造成不利影响。此外，抗生素在全球的广泛使用，诱导了抗性基因（ARG）的产生与传播，使病原抗性细菌（ARB）对抗生素产生抗性，对人类健康造成直接威胁。2015 年，ARB 导致欧盟 67 万例感染和至少 3.3 万例死亡；2019 年，仅在美国 ARB 就造成了 280 万例以上的感染和超过 3 万例死亡。由此可见，传统的城市污水污染指标已不能全面反映复杂污水的毒性与生态风险。

2.1.1.3 城市污水处理的工艺流程

城市污水处理技术已经发展了数百年，从简单的消毒、沉淀到有机物去除、脱氮除磷，再到深度处理与回用，成为生活污水和预处理工业废水进入自然水体循环的最后一道屏障。截至 2018 年底，全国城市污水处理能力达 $1.67 \times 10^8 \, m^3/d$，累计处理污水量 $5.19 \times 10^{10} \, m^3$，分别削减化学需氧量和氨氮 $1.24 \times 10^7 \, t$ 和 $1.19 \times 10^6 \, t$，为我国地表水和流域总体水质改善做出了重要贡献。

典型的城市污水处理工艺流程如图 2-1 所示，一般可分为一级处理、二级处理和三级处理。一级处理一般采用物理处理法，原水经过粗格栅过滤后，由污水提升泵进行提升，并经过细格栅或筛滤器过滤大颗粒污染物后被送入污水沉砂池，沙砾等被沉降，随后进入初沉池，污水中呈悬浮状态的固体污染物质被去除。一级处理后的污水，BOD 去除率虽达到 30% 左右，但距离排放标准依旧有一段距离。因此，一级处理属于二级处理的预处理。

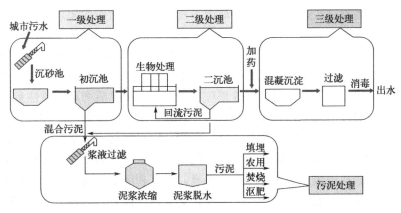

图 2-1 典型城市污水处理工艺流程

二级处理普遍采用生物处理法，如活性污泥法、生物膜法、氧化塘技术等，主要目的在于去除胶体和溶解的有机污染物。二级处理过程中，BOD 及 COD 的去除率可达 90% 以上，一般可达到排放标准。我国处理城市生活污水的常用方法是活性污泥法，污泥中的微生物吸附污水中悬浮固体物质，并以污水中的有机物为底物，通过代谢和繁殖，去除溶解性的和胶体状态的可生化有机物，降低污水中的有机物含量，以达到净化污水的目的。

为有效防控水体富营养化，现代城市污水处理厂一般将生物脱氮除磷技术融入传统生物处理工艺（如 A-A-O 工艺）中，该方法与物理化学法相比具有能耗低和运行费用少等优点。传统生物脱氮由好氧硝化和缺氧反硝化两个过程组成。在好氧条件下，氨氮在氨氧化菌 AOB 和亚硝酸氧化菌 NOB 的作用下被氧化为硝态氮，在缺氧条件下，反硝化菌以有机碳为微电子供体，再将硝酸盐氮还原为氮气，最终实现脱氮。近年来，新的生物脱氮路径被不断报道，新型生物脱氮技术日新月异，如厌氧氨氧化、好氧反硝化、异养硝化、短程硝化反硝化、同步硝化反硝化等。生物除磷原理为聚磷菌在厌氧条件下消耗糖原，并将胞内的聚磷水解为正磷酸盐，释放到胞外。同时，可吸收环境中的醋酸盐或其他挥发性脂肪酸，并以生物聚合物形式贮存在细胞内。好氧条件下，胞内的生物聚合物被聚磷菌氧化，并以聚磷酸高能键的形式存贮，通过污泥的排放使污水中磷得以去除。近几年，专家学者将新理论和新工艺从实验室研究逐步拓展到工程实践研究，但是这一过程仍然任重而道远。

三级处理又称为污水的深度处理，是在二级处理、二级强化处理的基础上，采用化学混凝、沉淀、过滤等物化方法进一步强化悬浮固体、胶体、病原微生物和某些无机物去除的净化过程。混凝-沉淀-过滤工艺是应用最为广泛的三级处理工艺流程，被称为"老三样"。近年，膜技术（微滤、反渗透）也被用于改进深度处理流程以强化分离效果。活性炭吸附法、离子交换法和电渗析法等也是常见的污水深度处理方法。

2.1.1.4　城市污水再生利用

城市污水再生利用是指以城市污水为再生水源，经再生工艺净化处理后，达到可用的水质标准，通过管道输送或现场使用方式予以利用的全过程。城市污水水量稳定、水质变化幅度小，是理想的再生水源。城市污水再生利用已成为国外许多地区缓解水危机的重要途径，被广泛回用于工业、农业、市政杂用等。再生水利用对传统的污水归趋提出了新的要求，成为污水产生最小化和回用的新途径，甚至有研究者提出将污水的"污"去掉，以满足人类水安全与生态系统可持续发展的需求，并将成为污水产生最小化和污水回用的新途径。但是，面对我国城市化进程的加快以及污染防控新常态下城市污水再生与循环利用面临的严峻挑战，目前城市水系统的社会循环模式已不能满足需求，急需新的变化。

污水再生工艺需要削减的主要对象为有机碳、氨氮和磷酸盐，其中新兴有毒有害有机污染物是目前关注的热点，其处理技术主要包括活性炭吸附、高级氧化和膜处理技术等。其中活性炭吸附的优点在于其对烷基酚类有毒有害污染物具有较好的吸附效果，缺点是其对再生水中微生物代谢产物等大分子物质吸附效果较差，且大分子物质会堵塞活性炭孔隙，缩短活性炭使用周期，增加经济成本。高级氧化技术中最常用的是臭氧氧化，它能快速与含有不饱和键的化合物反应，形成醛、酮、羧酸等反应产物；它同时具有灭活微生物能力强，可有效灭活水中的病原微生物的优点。膜技术主要分低压膜（如微滤和超滤，通过膜的吸附作用实现污染物的去除）和高压膜（如纳滤和反渗透膜，主要利用筛分机理对再生水中微量有机污染物如内分泌干扰物进行截留）。它们同时具有安全性、高效性和稳定性等特点。近年来，在生物处理方面，利用高压膜技术结合针对实际废水的高效菌株选育，以及应用物理因素和化学药剂实施诱变育种等是一个热门研究领域。此外，共代谢作为一种去除低剂量有毒难降解有机物的生物降解技术，也受到广泛关注。

消毒是污水再生处理过程中的必要环节。常用的消毒技术有臭氧、液氯、紫外及其组合技术。再生水消毒与饮用水消毒相比存在着明显差别，因此对微生物的杀灭作用、消毒规律、技术特点和要求都不尽相同。饮用水消毒方面的研究成果和经验可作为再生水消毒的参考，但不能直接指导研究实践。

新加坡开发的新生水（NEWater）工艺堪称污水再生与利用技术中的经典案例。NEWater 的生产流程如下：传统污水处理厂二级处理的出水将作为 NEWater 水厂的进水，首先经过精细格栅过滤，再进入微滤或者超滤工艺单元，去除细颗粒物，出水进入反渗透工艺单元，去除细菌、病毒以及大部分溶解盐，反渗透出水进行紫外消毒，最终净化为 "NEWater"。新加坡 NEWater 生产的典型工艺流程如图 2-2 所示。该工艺主体是对污水进行严苛的净化和深度处理，结合了膜处理工艺（包括微滤、超滤、反渗透）和紫外消毒工艺。产生的新生水主要用于工业生产，以及旱季作为水库的补充水源，这其实就是一种间接的饮用水源。

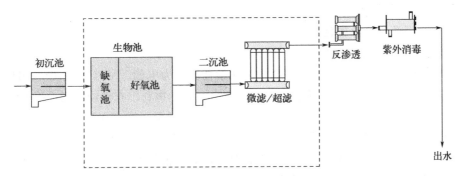

图 2-2　新加坡 NEWater 生产的典型工艺流程

污水经再生处理转化为满足回用标准的再生水，既削减了环境污染，又有效增加了水资源，可成为城市第二水源，发展潜力巨大。随着污水处理技术的发展和完善，再生处理后的出水水质不断提高，其用途越来越广泛。我国《城市污水再生利用　分类》（GB/T 18919—2002）中，对再生水回用的不同用途进行了分类，如表 2-2 所示。

表 2-2　城市污水再生利用分类

序号	分类	范围	示例
1	农、林、牧、渔业用水	农田灌溉	种籽与育种、粮食与饲料作物、经济作物
		造林育苗	种籽、苗木、苗圃、观赏植物
		畜牧养殖	畜牧、家畜、家禽
		水产养殖	淡水养殖
2	城市杂用水	城市绿化	公共绿地、住宅小区绿化
		冲厕	厕所便器冲洗
		道路清扫	城市道路的冲洗及喷洒
		车辆冲洗	各种车辆冲洗
		建筑施工	施工场地清扫、浇洒、灰尘抑制、混凝土制备与养护、施工中的混凝土构件和建筑物冲洗
		消防	消火栓、消防水炮

序号	分类	范围	示例
3	工业用水	冷却用水	直流式、循环式
		洗涤用水	冲渣、冲灰、消烟除尘、清洗
		锅炉用水	中压、低压锅炉
		工艺用水	溶料、水浴、蒸煮、漂洗、水力开采、水力输送、增湿、稀释、搅拌、选矿、油田回注
		产品用水	浆料、化工制剂、涂料
4	环境用水	娱乐性景观环境用水	娱乐性景观河道、景观湖泊及水景
		观赏性景观环境用水	观赏性景观河道、景观湖泊及水景
		湿地环境水	恢复自然湿地、营造人工湿地
5	补充水源水	补充地表水	河流、湖泊
		补充地下水	水源补给、防止海水入侵、防止地面沉降

2.1.1.5 污水资源与能源转化技术

（1）微生物燃料电池（MFC）与污水处理耦合

MFC以微生物为催化剂，将有机物中的化学能转化为电能。MFC由阳极、阴极和中间的隔膜构成，基本构型如图2-3所示。在阳极室内，微生物利用有机物代谢产生CO_2、质子和电子，电子通过某种方式传递至阳极，经由外电路传递至阴极，在阴极室内被电子受体接收，质子通过质子交换膜迁移至阴极室，构成完整的回路。MFC以污水中的有机物作为电子供体，被形象地称为"让污水发电"，即将其中蕴含的能量回收。MFC既可用于处理废水有机物，也可用于废水脱氮除硫，甚至可用于处理难降解有毒化合物。

阳极微生物将电子转移至阳极主要有细胞直接转移、纳米导线和电子中介体三种方式。

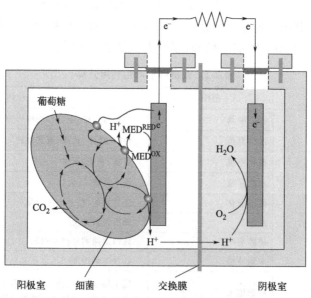

图 2-3 微生物燃料电池的基本构型

MED^{RED}—还原型介体；MED^{OX}—氧化型介体

① 细胞直接转移。该机制认为阳极表面微生物的细胞膜与电极直接接触，产生的电子能够通过细胞膜的部分氧化还原活性蛋白直接传递至电极，比如细胞色素 C 和铁硫蛋白。这种转移方式需要细胞膜和电极直接接触，因此仅有生长于阳极表面的那一层微生物能够利用这种电子传递方式将产生的电子转移至阳极。

② 纳米导线。硫还原地杆菌有直径约 8nm 的导线细丝，被命名为纳米导线。希瓦氏菌也具有纳米导线。有研究表明纳米导线很有可能参与种间的电子传递。

③ 电子中介体。电子中介体能够实现不直接接触的细胞核与电极之间的电子传递，微生物自身产生的内源性氧化还原介体能穿透细胞膜，实现电子在细胞和电极之间的传递，比如吩嗪、核黄素。

（2）微藻生物质能源与污水处理耦合

微藻可生长在自然水体中，微藻具有细胞增长速度快、生长周期短、不受时节影响以及土地的限制等优点。其与富油植物油脂成分类似，脂肪酸的碳链长度主要是 C_{16} 和 C_{18}，且细胞干重的 30%～80%均为脂肪。微藻在生长过程中需要大量氮、磷元素，因而在污水的氮、磷去除方面具有很大潜力。利用好微藻可实现污水深度处理和资源化利用，还可以获取生物质能源和高价值化学品，基于微藻培养的污水处理与生物质生产耦合技术见图 2-4。

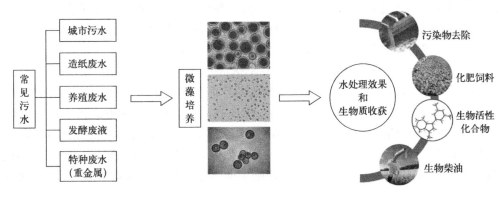

图 2-4 基于微藻培养的污水处理与生物质生产耦合技术

针对不同类型的污水，研究者们筛选出了许多具有高效去除能力的藻种，尤以绿藻居多。其中，小球藻（*Chlorella* sp.）和栅藻（*Scenedesmus* sp.）是污水净化和生物质能源生产常用的藻种。小球藻易于培养且繁殖速度快、适应能力强，具有良好的脱氮除磷性能和较大的油脂生产潜力等优点。一些小球藻的细胞干重的油脂积累量可达 60%，在氮缺乏等极端条件下甚至高达 70%。此外，栅藻同样也是常被用于污水净化和生物柴油生产的一种耐污性能好、生长速度快、脱氮除磷能力强的微藻品种。以污水原液培养小球藻或栅藻，有望实现生物柴油生产和污水的资源化。

2.1.2　工业废水处理与再生利用

2.1.2.1　工业废水产生与分类

工业废水包括生产废水、生产污水及冷却水，是指工业生产过程中产生的废水和废液，其中含有随水流失的工业生产用料、中间产物、副产品以及生产过程中产生的污染物。由于工业废水中常含有多种有毒物质，可污染环境并对人类健康有很大危害，因此要根据废水中污染物的成分和浓度，采取相应处理措施后才可排放。工业废水通常分以下三种：

① 按工业废水中所含主要污染物的化学性质分类，如以无机污染物为主的为无机废水，以有机污染物为主的为有机废水。例如电镀废水和矿物加工过程的废水是无机废水，食品或石油加工过程的废水是有机废水。

② 按工业企业的产品和加工对象分类，如冶金废水、造纸废水、炼焦煤气废水、金属酸洗废水、化学肥料废水、纺织印染废水、制革废水、农药废水、电站废水等。

③ 按废水中所含污染物的主要成分分类，如酸性废水、碱性废水、含氰废水、含铬废水、含镉废水、含汞废水、含酚废水、含醛废水、含油废水、含硫废水、含有机磷废水和放射性废水等。

不同工业废水的水质和水量差异较大。例如农药废水中污染物浓度较高，除含有农药和中间体外，还含有酚、砷、汞等有毒物质以及许多生物难以降解的物质，化学需氧量（COD）可达到每升数万毫克；食品工业废水中有机物质和悬浮物含量高、易腐败，一般毒性较小；印染工业用水量大，通常每加工 1t 印染纺织品需耗水 100～200t，其中 80%～90% 以印染废水排出；造纸过程中产生的制浆废水呈黑褐色，BOD 为 5～40g/L，其中含有大量纤维、无机盐和色素。

2.1.2.2 工业废水排放与再生回用的标准

为了保证工业废水达标排放，实现水资源再生利用，需要采取各种方法将废水中所含的污染物分离出来，或将其转化为无害的物质，其基本目的是保证废水达标排放，进而实现水资源再生利用。废水排放标准分为国家排放标准、行业排放标准和地方排放标准。其中，国家排放标准包括《地表水环境质量标准》（GB 3838—2002）和《污水综合排放标准》（GB 8978—1996），适用于全国范围。根据工业废水的行业分类，我国先后制定了不同的行业排放标准，如《畜禽养殖业污染物排放标准》（GB 18596—2001）、《电镀污染物排放标准》（GB 21900—2008）、《钢铁工业水污染物排放标准》（GB 13456—2012）、《纺织染整工业水污染物排放标准》（GB 4287—2012）等。另外，地方环保行政主管部门也发布了适用于特定行政区的污染物排放标准，如《浙江省造纸工业（废纸类）水污染排放标准》（浙 DHJ B1—2001）。

工业废水再生利用时，根据不同的利用目的，必须符合相应的再生利用水水质标准的要求。工业废水再生利用为城市杂质水、景观环境用水或农田灌溉用水时，可参照城市污水再生利用的相应用水水质要求。目前，我国工业废水生产回用水的水质系列标准的建立处于起步阶段，一般工业废水生产回用水时，再生回用水水质参照相应的生产工艺用水水质要求，经技术经济比较后确定。

2.1.2.3 工业废水处理及再生利用基本方法

按照不同的废水特性和处理要求，工业废水处理有多种不同的方法。一般按照过程机理，可分为物理法、化学法、物理化学法和生物法等各种处理方法。由于工业废水种类繁多，性质不同，浓度差异很大，处理工艺相对复杂，一般需要多种处理方法有机组合来完成。工业废水处理系统通常包含废水的预处理、主处理、深度处理、再生利用处理，以及污泥处理处置。

（1）预处理系统

工业废水预处理的主要功能是分离去除废水中的漂浮物、粗大颗粒和悬浮物，同时均衡废水水量和水质。对于难以生物降解废水或对微生物有毒性的有机废水，往往采用分质收集预处理方法，改善废水的可生化性。使用的主要技术有格栅、初次沉淀和气浮等，处理过程中会产生栅渣、初沉污泥和浮渣等。

（2）主处理系统

主处理系统的主要功能是去除废水中呈胶体和溶解状态的主要污染物。对工业废水中的有机污染物要采用生物处理方法。生物处理可分为好氧生物处理和厌氧生物处理。低浓度有机废水一般采用好氧生物处理，高浓度有机废水一般采用厌氧生物处理后再进行好氧生物处理。对重金属等无机污染物，采用化学或物理化学方法处理。

（3）深度处理及再生利用处理系统

深度处理的主要功能是在主处理的基础上，进一步去除微量溶解性的难降解有机物、胶体、氨氮、磷酸盐、无机盐、色度成分、大肠杆菌以及影响再生利用的溶解性矿物质等，以确保处理水达标排放或实现回用。深度处理及再生利用处理经常采用混凝、过滤、化学氧化、超滤、反渗透、活性炭吸附、离子交换、消毒等技术。

（4）污泥处理处置系统

污泥处理处置系统的主要功能是在安全、环保和经济的前提下，实现污泥减量化、稳定化、无害化和资源化。污泥处理是在污泥浓缩、调理和脱水的基础上，根据污泥处置要求进一步处理，包括污泥稳定、污泥热干化和污泥焚烧等。污泥处置是处理后污泥的消纳过程，包括土地利用、填埋、建筑材料综合利用等。

2.1.2.4 工业废水处理典型工艺

（1）造纸废水

在造纸过程中会产生大量的造纸废水，通常情况下，每生产 1t 纸浆，就会产生 $60\sim100m^3$ 的废水，而废水中含有大量的半纤维素、木质素、无机酸盐、无机填料、油墨等。在造纸过程中主要产生三类废水，黑水、中段废水和纸机废水。黑水主要是在蒸煮制浆过程中除渣、洗浆以及漂洗产生的洗涤废水，废水量较大，占造纸废水总量的 90%；中段废水是在纸浆洗涤、筛选和漂白过程中产生的废水；纸机废水是在抄纸车间生产过程中产生的废水。

造纸废水的特点与生产工艺、原料、产品种类等有着重要的关系。一般来讲，造纸废水主要的污染物有四类：①还原性物质，例如木质素、无机盐等；②可生物降解类物质，如半纤维素、树脂酸，还有一些低分子的糖、醇、有机酸等；③悬浮物，例如细小纤维素、无机填料等；④色素类物质，如油墨、染料等。不同的产品种类和制浆工艺产生的废水中 COD_{Cr}、BOD_5、TSS 不同。此外，在一些使用次氯酸钠漂白制纸过程中还存在三氯甲烷等具有毒性的物质。因此，造纸工业废水水量大，成分复杂，还具有一定的毒性。

大型废纸制浆造纸废水处理工艺流程见图 2-5，首先需要进行预处理以去除大颗粒的悬浮物和杂质，拦截纸浆纤维等，一般预处理设备主要包括格栅、筛网、滤网等。通过混凝沉淀可以去除造纸废水中的大部分悬浮杂质、纸浆纤维，呈悬浮状或胶体状的有机和无机污染物。厌氧生物处理可以将难生物降解的有机物转化为易生物降解的有机物，去除部分 COD 并提高废水的可生化性。制浆废水中含有大量木质素、纤维素等组分，因此，通过预酸化和厌氧生物处理后，废水溶解性 COD 比例明显提升。经过水解酸化后，生成的大部分 BOD 在 A/O 工艺中的厌氧池内被微生物吸附，剩余的有机物和被吸收至微生物体内的有机物在好氧池内被氧化分解，同时 A/O 工艺还具有良好的脱氮除磷性能。废水在二沉池中进行泥水分离后，再进入混凝沉淀池/混凝气浮池，通过人为地向水中导入气泡，使气泡黏附于杂质颗粒上，降低杂质颗粒密度，出水排放。在处理过程中，初沉池和二沉池产生的污泥进入贮泥池，经浓缩脱水后再处理。

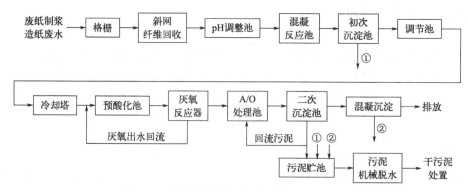

图 2-5　大型废纸制浆造纸废水处理工艺流程

（2）制药废水

目前，我国生产的常用药物有 2000 多种，制药工艺复杂，其生产过程所产生的废水主要包括工艺废水、冲洗废水和冷却水等。制药工业品种多，生产规模差别大，单位产品排放废水量大，废水成分复杂，有机物浓度高，pH 波动大，大多数制药废水含有难降解物质和有抑菌性或毒性作用的抗生素等。因此，制药工业废水通常具有成分复杂，有机污染物种类多、浓度高，含盐量高和 NH_4^+-N 浓度高，色泽深且具有一定的生物抑制性等特征，相对于其他有机废水来说，处理难度更大。

对于不同的制药废水，可以先将高浓度废水先行处理，再与低浓度废水混合处理，或将全部废水混合后处理。图 2-6 为化学合成制药废水处理工艺流程。

高浓度制药废水 ——→ 预处理 ——→ 物化处理 ——→ 混合池 ——→ 生物处理 ——→ 达标排放

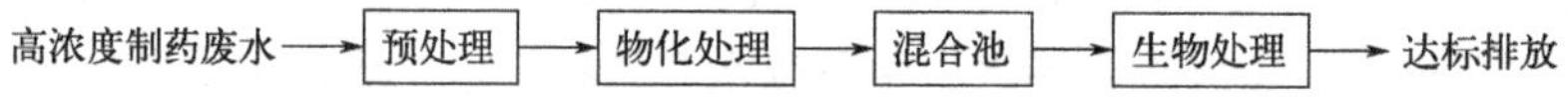

图 2-6　化学合成制药废水处理工艺流程

① 预处理。化学合成制药废水具有水质、水量波动大的特点，应进行预处理，以去除废水中的大颗粒杂物，调节水质水量，保证后续处理工序可连续稳定地运行。预处理主要采用格栅、调节池等处理设备和构筑物。

② 物化处理。化学合成制药废水 COD 浓度高、SS 高、含有毒性物质、pH 波动大、色度高、气味重，不利于微生物生长，不宜直接采用生物处理法。为此，可先通过物理化学方法去除废水中的部分污染物，如悬浮物、难生物降解有机物、有毒有害物质等。针对制药废水的特点，物化处理可采用混凝沉淀、混凝气浮、高级氧化等工艺。

③ 生物处理。废水经物理化学处理后，各种污染物浓度虽大幅降低，但对于好氧生物处理来说，有机物浓度仍然较高，建议采用厌氧-好氧生物处理方法。厌氧处理方法可采用升流式厌氧污泥床（UASB）、膨胀颗粒污泥床（EGSB）等工艺，好氧处理方法可采用A/O、生物接触氧化、SBR 等工艺。

④ 除臭系统。由于化学合成制药废水有刺激性气味，工程上应考虑设置臭气收集及处理装置。臭气处理可采用化学吸收、生物处理、焚烧等方法。

（3）化工废水

化工废水是指化工产品生产过程中所产生的废水。化工废水的基本特征为极高的 COD、高盐度、对微生物有毒性，是典型的难降解废水，是目前水处理技术方面的研究重点和热点。化工废水的特征分析如下：①水质成分复杂，副产物多，反应原料常为溶剂类物质或环状结构的化合物，增加了废水的处理难度；②废水中污染物浓度高，这是由于原料反应不完全或生产中使用的大量溶剂介质进入了废水体系；③有毒有害物质多，精细化工废水中有许多有机污染物对微生物是有毒有害的，如卤素化合物、硝基化合物、具有杀菌作用的分散剂或表面活性剂等；④生物难降解物质多，BOD_5/COD 低，可生化性差；⑤废水色度高。

化工废水 COD 较高、可生化性较差，一般情况下，对这类废水多采用物理化学处理结合生物处理的工艺。化工废水处理工艺流程如图 2-7 所示，具体采用时应结合实际情况相应地调整。

化工废水 ⟶ 预处理 ⟶ 物化处理 ⟶ 生物处理 ⟶ 排放

图 2-7　化工废水处理工艺流程

① 预处理。预处理的目的是去除废水中的大颗粒杂物，调节水质、水量，保证后续处理工序可连续稳定地运行。预处理主要采用格栅、调节池等处理设备和构筑物。

② 物化处理。日用化工废水有机污染物浓度较高，毒性较大，不易生物降解，不宜直接采用生物处理法，应先通过物理化学方法去除废水中的部分污染物，如悬浮物、难生物降解有机物、有毒有害物质等，减轻后续生物处理系统负荷，保证废水处理系统稳定运行。针对日用化工废水的特点，物化处理方法可采用混凝沉淀、混凝气浮等工艺。

③ 生物处理。废水经物理化学处理后，各污染物浓度已大幅降低，但一般情况下，还不能达标排放，因此需要进一步采用生物处理法进行处理。化工废水中通常含有一些难生物降解的有机物，为了提高生物处理单元的处理效果，宜先采用水解酸化，在水解产酸菌的作用下将不溶性有机物水解为溶解性物质，同时在产酸菌的协同作用下将大分子和难生物降解的物质转化为易生物降解的小分子物质，去除部分 COD，提高 BOD_5/COD。

（4）钢铁废水

在钢铁企业运行过程中，很多环节和流程都会产生废水，按生产流程，钢铁工业废水可分为矿山废水、烧结废水、焦化废水、炼铁废水、炼钢废水及轧钢废水等。在不同的工艺操作中，废水中所含物质有所差别，但都含有大量悬浮物和多种金属离子。炼铁废水来源于高炉煤气洗涤水和冲渣废水，其特点是水温较高，悬浮物浓度高达 $1000\sim3000mg/L$。炼钢废水主要来源于设备间接冷却水、设备和产品的直接冷却废水、除尘废水、冲渣废水等，特点是含有大量氧化铁和少量润滑油脂，处理后可循环利用。轧钢废水来源于热轧和冷轧产品，生产过程中需要大量直接冷却水冲洗钢材和设备，特点是含有大量氧化铁和油，水温高、水量大。

不同生产程序排放的钢铁废水，通常都需要先经预处理，以免影响后续处理单元的功能。预处理单元一般包括拦污栅、调节池和酸碱中和池。拦污栅主要用于去除大型固体；调节池用于调节生产废水水量和水质的变化，使其较为均匀稳定，以利于后续处理；酸碱中和池用于中和废水中过量的酸和碱，使其 pH 达到中性。混凝是废水处理经常采用的方法，主要用于去除废水中难以用自然沉淀法去除的细小悬浮物及胶体微粒，同时还可以降低废水的浊度和色度，并去除高分子有机物、重金属和放射性物质等。气浮处理常用于去除废水中含有的油脂或油分，在气浮过程中，为了提高处理效果，有时需向废水中投加破乳剂或混凝剂，使难气浮的乳化油聚集成气浮可去除的油粒。破乳剂常为硫酸铝、聚合氧化铝、三氧化铁等。一般气浮处理根据布气方式的不同可分为电解气浮法、散气气浮法和溶气气浮法。对于废水中的重金属离子，通常采用投加氢氧化钙或其他混凝剂，形成金属氧化物沉淀，或投加硫化剂，使金属离子形成硫化物而去除。

如图 2-8 所示为炼铁高炉煤气洗涤废水及冲渣废水处理工艺流程，除了需去除悬浮固体外，还应在碱性条件下用氧化剂将氰化物氧化成氮气，而后再经混凝沉淀，处理水供厂内回用或排放。

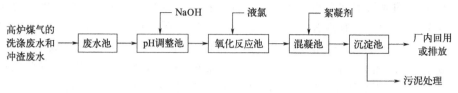

图 2-8 炼铁高炉煤气洗涤废水及冲渣废水处理工艺流程

2.2 大气污染治理

2.2.1 大气污染物性质与分类

大气污染是指由于人类活动或自然过程引起某些物质进入大气中，呈现出足够的浓度，持续足够的时间，因此影响了人体的舒适、健康或危害了生态环境的现象。大气污染物是指由于人类活动或自然过程排入大气的，并对人和环境产生有害影响的物质。大气污染物的种类很多，按其形成过程可分为一次污染物和二次污染物，按污染物存在的状态可将其分为气溶胶状态污染物和气态污染物。

由于大气污染具有类型多变、移动性强以及预测性低的特点，治理工作任重而道远。进入 21 世纪以来，主要城市群正经历煤烟型污染向煤烟、交通、氧化型等共存复合型污染转变，雾霾及光化学烟雾污染时有发生，并呈现规模扩大、时间延长以及污染程度加重的趋向。究其原因，在工业化持续快速推进过程中，能源消费量持续增长，大气总悬浮颗粒物超标，二氧化硫浓度保持在较高水平，城市机动车保有量的增加使得尾气排放污染物剧增，氮氧化物污染日趋严峻。因此，控制燃煤烟气污染，控制颗粒物、二氧化硫、氮氧化物等大气污染物是我国改善大气质量的重要途径之一。

2.2.2 大气污染治理技术

大气污染物种类繁多，来源丰富，不同行业的排放环境、排放物质、排放特征以及治理技术都不尽相同，如图 2-9 为典型锅炉烟气处理流程。基于此，国家针对性地制定了各种法律、法规、标准和规范对企业进行整治和管理，其中，颗粒污染物、硫氧化物和氮氧化物的控制仍是我国大气污染控制的重点，也是工业废气治理的重点。

2.2.2.1 烟气除尘技术

2011 年，环境保护部发布了《火电厂大气污染物排放标准》（GB 13223—2011），规定火力发电锅炉烟尘最大排放浓度为 30mg/m³，重点地区最大排放浓度为 20mg/m³；2012 年的《环境空气质量标准》（GB 3095—2012）将 PM$_{2.5}$ 列入国家标准，并纳入省市强制性监测范围；2013 年，国务院发布的《大气污染防治行动计划》提出了十项具体措施；2014 年环境保护部新修订的《锅炉大气污染物排放标准》（GB 13271—2014）规定燃煤锅炉颗粒物浓度排放限值为 30mg/m³。燃煤锅炉除尘领域面临着巨大的提标改造与技术升级压力。目前，我国电除尘器技术接近世界先进水平，其生产规模和使用量居世界首位。随着高分子和材料科学技术的不断进步，袋式除尘器逐渐克服过滤介质的瓶颈，应用越来越广泛。基于静电除尘和袋式除尘两种成熟理论，近年出现了一种新型的电袋复合除尘技术，已在许多电厂成功应用，电

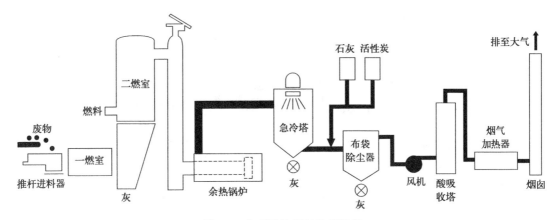

图 2-9 典型锅炉烟气处理流程

袋式除尘器结构见图 2-10。为了进一步提高装置除尘效率，特别是对于 $PM_{2.5}$ 的控制，近年来国内外学者对带电水滴湿式洗涤器、旋转电极技术、高压水喷射、高压蒸汽喷射除尘设备进行了大量的理论研究和实验论证，许多技术已取得突破性进展和初步应用，但仍需改进。

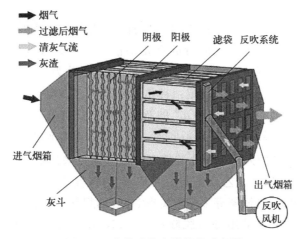

图 2-10 电袋式除尘器结构示意图

2.2.2.2 烟气脱硫技术

　　我国能源结构的特点决定了控制燃煤二氧化硫的排放是我国控制二氧化硫污染的重点，而控制火电厂二氧化硫排放量又是控制燃煤二氧化硫污染的关键。2014 年环境保护部新修订的《锅炉大气污染物排放标准》（GB 13271—2014）规定重点地区燃煤锅炉二氧化硫特别排放限值为 $200mg/m^3$。目前我国主要采用了使用低硫煤、关停小火电机组、部分火电厂安装烟气脱硫装置等措施控制火电厂二氧化硫排放，其中使用低硫煤贡献最大。受我国国情决定，未来控制火电厂二氧化硫污染最主要的方法是烟气脱硫。目前，主要使用的烟气脱硫技术是石灰石-石膏法，占 85％左右。石灰石-石膏法烟气脱硫技术工艺流程见图 2-11。此外，雾干燥脱硫、吸收剂再生脱硫、炉内喷射吸收剂/增温活化脱硫、海水脱硫、电子束脱硫、脉冲等离子体脱硫、烟气循环流化床脱硫等技术的应用也逐渐展开。目前，我国也加大了燃煤发电烟气脱硫研究及开发力度，研究出了适合我国国情并且投资少、见效快的烟气脱硫设备。未来烟气脱硫技术的主要发展趋势为开发脱硫效率高、装机容量大、投资少、占地小、运行费用低、自动化程度高、可靠性好的技术。

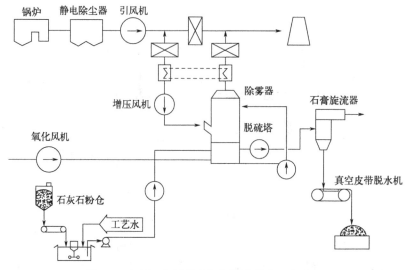

图 2-11　石灰石-石膏法烟气脱硫技术工艺流程

2.2.2.3　烟气脱硝技术

自"十二五"以来，我国已经将氮氧化合物排放总量控制纳入约束性指标。大力发展脱硝技术是整治环境污染、改善空气质量的重要举措。《锅炉大气污染物排放标准》（GB 13271—2014）规定重点地区燃煤锅炉氮氧化物特别排放限值为 $200mg/m^3$；《火电厂大气污染物排放标准》（GB 13223—2011）规定：自 2014 年 7 月 1 日起，火力发电锅炉对于氮氧化物 NO_x 的排放将全面执行低于 $100mg/m^3$ 的新标准。2014 年 11 月 23 日，《煤电节能减排升级与改造行动计划》对燃煤机组提出新要求：东部地区新建燃煤发电机组 NO_x 排放浓度不得高于 $50mg/m^3$。我国的大部分工业装置现在大多通过采用锅炉升级、低氮燃烧器、选择性催化还原（SCR）脱硝（工艺流程见图 2-12）、选择性非催化还原（SNCR）脱硝（工艺流程见图 2-13）、优化运行调整等手段来实现 NO_x 的超低排放。

现阶段的脱硝脱硫主要采用分段脱除技术。SNCR 对脱硝温度要求较高，需 930～1090℃。SCR 中催化剂的存在使得脱硝温度大大降低，但仍需 350～370℃，且二氧化硫的存在易造成催化剂中毒，脱硝效率大幅下降。单独脱硫后的烟气还面临再热问题，投资和运

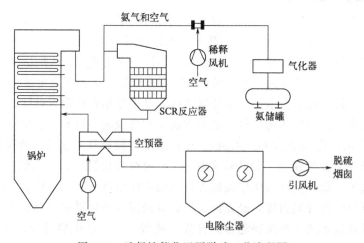

图 2-12　选择性催化还原脱硝工艺流程图

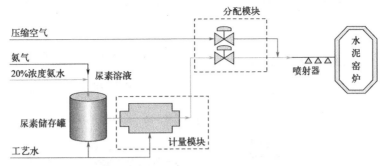

图 2-13　选择性非催化还原脱硝工艺流程图

行成本高昂。因此，活性炭法、SNO$_x$（WSA-SNO$_x$）法、NO$_x$SO 法、高能粒子射线和湿式烟气脱硫加金属螯合物法等高效的同步脱硫脱硝技术的应用日益广泛。

2.2.2.4　挥发性有机物控制技术

挥发性有机物（VOCs）是臭氧和二次有机气溶胶形成的关键前体，对人体具有致癌性、致畸性、致突变性，可能对皮肤、中枢神经系统、肝脏、肾脏等造成慢性危害。环境保护部于 2013 年发布了《吸附法工业有机废气治理工程技术规范》（HJ 2026—2013），该标准规定了 VOCs 的减排任务。目前，VOCs 的减排控制是从源头、过程和末端三个方面同时进行的，其中末端治理占 60%～70%，源头替代占 20%～30%，过程控制低于 10%。选取原料时应用低 VOCs 含量的胶黏剂、清洗剂等，能够从源头上削减 VOCs 的用量，是 VOCs 治理的根本途径。对于优化生产工艺的过程控制来说，一方面是要根据工艺的特点选用适当的生产方法进行密闭生产，构建密闭型生产装置，方便统一进行末端治理，可以大大减少 VOCs 无组织逸散；另一方面是要提高生产效率和产品一次达标率。末端治理是 VOCs 减排控制中至关重要的环节。目前，末端治理主要包括燃烧法、吸附净化法、冷凝法和生物法等控制技术。活性炭吸附法处理有机废气工艺流程见图 2-14，生物法处理有机废气工艺流程

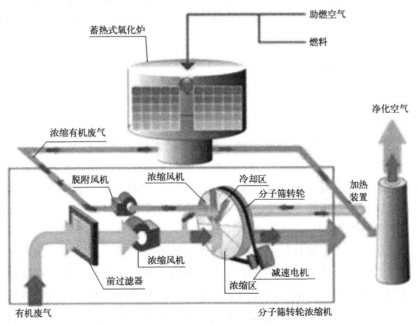

图 2-14　活性炭吸附法处理有机废气工艺流程图

见图 2-15。近年新出现的脉冲电晕法、低温等离子体技术和光催化氧化法也受到研究者的广泛关注。

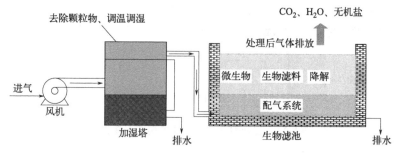

图 2-15　生物法处理有机废气工艺流程图

2.3　固体废物处置与资源化

2.3.1　固体废物的性质与分类

固体废物是指在生产、生活和其他活动中产生的丧失原有利用价值或者虽未丧失利用价值但被抛弃或者放弃的固态、半固态和置于容器中的气态的物品、物质以及法律、行政法规规定纳入固体废物管理的物品、物质。由此可见，对于固体废物的产生，人为与客观因素并存。固体废物是物流利用过程的产物，其产生不可完全避免，但可通过主观意识和客观技术实现固体废物的减量、减毒，促进其更充分地循环。

固体废物可根据产生源类型、组成特征、可处理性进行分类。我国法定的固体废物分类准则考虑了危险性组分和产生源特征，将固体废物分为危险废物和非危险废物，非危险废物包括生活垃圾、一般工业固体废物、农业固体废物、建筑垃圾。近年来，我国正在积极推进生活垃圾分类。

2.3.2　固体废物的处理处置技术

固体废物收集与转运的基本原则是分类，不同类别的固体废物，采用不同的收集与运输方式、工具和配套管理要求。生活垃圾是固体废物的重要组成部分，仅 2019 年我国生活垃圾产量达 3.43×10^8 t。垃圾收运是整个垃圾处理系统耗资最大的环节，占总费用的 $60\% \sim 80\%$。固体废物收集分为混合收集与分类收集，近年来我国大力推行生活垃圾分类，通过从源头改变垃圾组成，能够减少垃圾的运输及处理费用，同时有利于固体废物的资源化利用。固体废物的转运通常采用小型车收集、大型车转运的方式，通过设置中转站，在收集区交通限定的条件下实现经济化。

固体废物收集之后可根据其性质不同选择合适的处理方法。固体废物的处理处置技术根据其原理不同主要分为土地处理、热化学处理、生物处理，在处理过程中对废液、气体、残渣等二次污染物进行处理，实现固体废物的环境污染控制及无害化，同时进行资源、能源回收利用。此外，固体废物还可通过转化加工手段重新获得某种使用价值，同时消除其在使用环境中的污染危害，实现资源化利用。资源化利用的方式包括产品回用、材料再生、物料转化、热能利用，其资源化效益依次递减，投入产出比逐渐增加。

固体废物处置工艺流程如图 2-16 所示。固体废物收集运输是连接产生源和处理设施的物流组织过程，经过收集、清运、转运三次物流集中后，对固体废物进行处理处置，在处理过程中严格控制废液、气体、残渣的二次污染问题，消除污染物质或减少其环境迁移性；同时回收资源、能源，并通过管理弥补固体废物资源化利用产业与一次资源产业的竞争力差距。

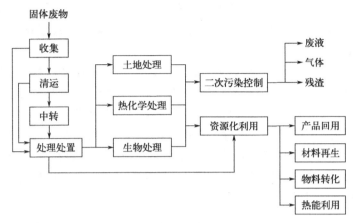

图 2-16 固体废物处置工艺流程

2.3.2.1 固体废物的土地处置技术

土地处理与处置是以土地为载体永久性地收纳固体废物的处理方法。根据进入土地的形式分为分散处置、集中处置，集中处置根据利用的土地空间又分为深地层处置与浅地层处置，浅地层处置主要是填埋。根据填埋的固体废物的性质，分为卫生填埋与安全填埋。生活垃圾的土地处理方式主要是卫生填埋。填埋处理需要注意两方面的问题，一是填埋体的力学稳定性，二是填埋体污染物控制。填埋体通过生物好氧反应和厌氧反应分解生物可利用的有机物，同时产生填埋气体和渗滤液。填埋气体主要是甲烷（30%～55%）和二氧化碳（30%～45%），还有少量的空气、恶臭气体和其他微量气体。填埋气体可焚烧发电或纯化后用作天然气或汽车燃料。渗滤液成分复杂，含有多种有毒有害的有机物和无机物，如氯化芳香族化合物、酚类化合物、苯胺、重金属等。渗滤液处理可采用生物法、絮凝沉淀法、反渗透法、活性炭吸附法、化学氧化法等进行处理。

填埋是将废物填入填埋体内作业中平台的指定单元并完成覆盖的过程，生活垃圾填埋工艺流程如图 2-17 所示。废物在单元内卸载、摊铺，分层压实后覆盖。覆盖包括日覆盖、中间覆盖、最终覆盖。日覆盖是对当日填入废物的暴露表面进行覆盖，中间覆盖是同一平台各单元全部完成填入和日覆盖后对其上表面进行的补充覆盖，当填埋体前坡或顶面形成后，应对其表面进行强化覆盖，以高效隔绝雨水渗入和气体对流，并应恢复植被。当填埋场填满后要封场管理。填埋作业要保障堆体的力学稳定性，对衍生污染物，如渗滤液、填埋气体进行收集处理。渗滤液成分复杂，COD 含量高、可生化性差，可采用混凝-生物-膜技术进行处理。填埋气体主要为 CH_4、CO_2、芳香烃、脂类等挥发性有机物，可通过火炬燃烧处理，净化后用于内燃机发电。

图 2-17 生活垃圾填埋的工艺流程

2.3.2.2 固体废物的热化学处理技术

热化学处理是在高温条件下通过氧化或还原的方法将固体废物中的有机物深度分解转化的过程，分为焚烧、热解、湿式氧化法等。焚烧是可燃物质与氧化剂之间发生的一种有发光发热现象的剧烈氧化反应，焚烧法是基于可燃物质焚烧反应的处理方法，主要处理固体废物中的有机污染物。固体废物在高温条件下氧化成残渣，减量化效果显著，产生的热量可资源化利用。焚烧法已成为目前应用最为广泛的热化学处理技术，该技术通常要求焚烧温度＞850℃，烟气停留时间＞2s，另外可通过焚烧烟气净化、飞灰固化稳定化等方法控制焚烧产生的二次污染。

生活垃圾焚烧的工艺流程见图2-18。生活垃圾焚烧之前通常需要经过预处理，主要包括去除大块无机组分、分选回收金属等有价资源、调整粒径改善焚烧操作。生活垃圾可通过贮坑堆置降低含水率，产生的渗滤液可进行回收处理，固体废物可送入焚烧炉，添加助燃剂焚烧处理。生活垃圾经过预处理、储存后焚烧，焚烧产生的热量进行热回收，用于供热或发电。产生的烟气经过脱硫、脱硝、脱尘等净化处理后排放。焚烧后的炉渣属于一般固体废物，可资源化利用制造路基材料等。飞灰属于危险废物，需按照危险废物的处置要求先进行固化、稳定化，再填埋处理。

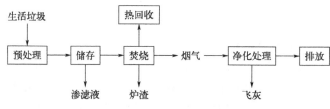

图 2-18　生活垃圾焚烧的工艺流程

2.3.2.3 固体废物的生物处理技术

生物处理是利用微生物的新陈代谢分解转化生物质固体废物。生物处理技术主要分为好氧堆肥和厌氧消化。好氧堆肥技术是在受控的有氧条件下，通过自然界中广泛存在的微生物对有机物的代谢，使生物质固体废物转化为腐熟化产物的过程。堆肥过程分为五个阶段，分别是潜伏阶段、中温升温阶段、高温阶段、中温降温阶段、熟化阶段，同时伴随着温度、微生物、物质、能量、耗氧速率的变化。厌氧消化技术是在受控的无氧环境中，通过厌氧微生物菌群的代谢，使生物源废物转化为沼气（$CO_2 + CH_4$）和稳定的有机物的过程。厌氧消化过程分为水解、酸化、乙酸化、甲烷化四个阶段，聚合物在多种酶的作用下水解生成单体，通过乳酸菌等分解生成短链脂肪酸，再生成乙酸、$H_2 + CO_2$，通过乙酸发酵型和氢营养型的甲烷菌产生甲烷。

生活垃圾好氧堆肥与厌氧消化的工艺流程如图2-19所示。对于混合收集的生活垃圾需要分选回收玻璃、塑料、纸、金属等，然后破碎处理，减小固体废物的粒径，增加反应的比表面积，对于分类收集的厨余垃圾或易腐垃圾可直接破碎。预处理后的固体废物在主发酵舱内生物转化，控制温度、氧气浓度、湿度，同时进行高频次的翻堆操作，次发酵过程采用条垛式完成腐熟化。堆肥过程产生的挥发性有机物（VOCs）有较高比例的恶臭物质，可通过臭气管道、生物滤池、洗气、吸附、焚烧等方法控制。腐熟化的产物经过后处理去除杂质，破碎筛分调整粒径，制成堆肥产品，也可添一定比例的N、P、K制成复合肥。厌氧生物处理经过相似的预处理之后，将固体废物送入厌氧消化反应器，控制温度进行中温（30～40℃）或高温（50～60℃）发酵，可依据不同的含固率选择湿式（＜12%）、半干式

（15%～20%）、干式（20%～40%）发酵。厌氧消化产生沼气、沼液、沼渣。一般沼气（CH_4）产率为 $170～320m^3/kg$（以挥发性固体计），沼气经过净化处理去除 H_2S、H_2O、CO_2、卤代烃等物质，可同天然气一样使用。沼液和沼渣含有丰富的 N、P、K 等营养元素，可通过好氧堆肥处理后利用，沼液也可通过生物处理后排放。

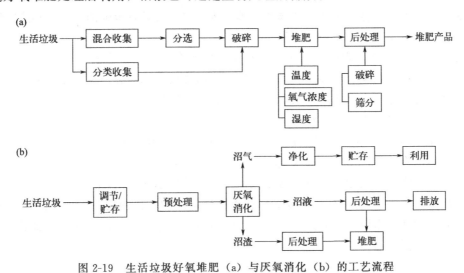

图 2-19　生活垃圾好氧堆肥（a）与厌氧消化（b）的工艺流程

2.4　土壤污染修复

2.4.1　土壤污染及其污染物

2.4.1.1　土壤污染的定义与特点

土壤污染是指污染物通过多种途径进入土壤，其数量和速度超过了土壤自净能力，导致土壤的组成、结构和功能发生变化，微生物活动受到限制，有害物质或其分解产物在土壤中逐渐积累，通过土壤-植物-人体或通过土壤-水-人体间接被人体吸收，危害人体健康。

土壤环境具有多界面、多组分、多介质以及复杂多变和非均一性的特点，这些特征决定了土壤环境污染与大气环境污染和水环境污染有所不同。土壤环境污染具有以下特征：

① 隐蔽性和滞后性。土壤污染后，需要对土壤样品进行化验分析，对农作物中污染物的残留情况进行检验，甚至需要对摄食农作物的人或动物的健康状况进行监测，才能反映出土壤环境的污染，所以从产生污染到发现问题通常会有较长的滞后期。

② 累积性与地域性。由于土壤的流动性较低，所以污染物在土壤中不会像在大气和水体中一样容易扩散和稀释，会在土壤中不断累积至高浓度，由此导致土壤污染具有很强的地域性特点。

③ 不可逆转性。污染土壤中累积的持久性有机污染物和重金属很难通过自净作用和稀释作用削减，因此土壤污染通常是不可逆转的。

④ 治理困难且周期长。一旦发生土壤污染，仅通过切断污染源的方式难以实现自我恢复，必须采用有效的治理技术才能从根本上消除污染，但是，现有的治理技术仍然面临着治理成本高且周期长的难题。

2.4.1.2 土壤污染物及其来源

土壤污染物包括了自然界几乎所有存在的物质，其中重金属、石油烃、持久性有机污染物、放射性核素及病原菌等的危害较大且污染较多。

① 重金属污染。污染土壤中的重金属主要有汞、铬、锌以及砷等元素，主要来源包括金属采矿、金属冶炼、金属工业、金属腐蚀等，重金属污染具有很强的稳定性和隐匿性，且持续时间较长，极易在生物体内富集累积。

② 有机物污染。在日常的工农业生产和生活中都会产生大量含有有机物的废弃物，典型有机污染物包括农药类、石油类、多环芳烃类等污染物。在地表径流的作用下，这些有机污染物会逐渐渗入地下，引发地下水污染，而具有挥发性的有机物则会通过大气降水和土气交换等作用进入土壤，引发土壤污染。

③ 放射性污染。在生产利用过程中，放射线物质会随着废水、废气和废物排出，在雨水冲刷、自然沉降等的作用下会进入土壤环境。由于放射性物质的特殊性，其一旦进入土壤环境，难以自行降解，只能通过自然衰变过程，逐渐转化成稳定元素，降低环境污染。

④ 病原菌污染。土壤病原菌污染来自农作物灌溉水和人畜粪便，病原菌的扩散主要是通过土壤和水的共同作用完成的。一些动物尸体的随意丢弃和掩埋，会进一步加剧病原微生物在土壤中的广泛传播。

2.4.2 污染土壤修复的一般流程

污染土壤修复的工作按照图 2-20 所示的流程进行，内容包括污染土壤评估、修复技术选择与方案制定、施工管理与运行、后续监测与评价四个部分。

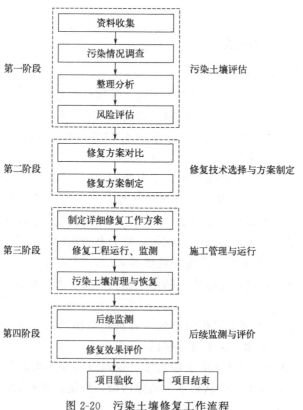

图 2-20　污染土壤修复工作流程

2.4.3 污染土壤的物理修复技术

物理修复是指通过各种物理作用将污染物从污染土壤中去除的过程。其中热处理技术是应用于土壤有机物污染去除的主要物理修复技术，主要包括微波加热、土壤蒸气浸提、热脱附等，还包括玻璃化修复、物理分离修复以及电动力学修复等技术。

2.4.3.1 热脱附技术

热脱附技术是指直接或间接的热交换过程，通过将土壤中的有机物成分加热到足够的温度（通常被加热到150~540℃），使其蒸发并与土壤介质分离。热脱附技术分为两步：①加热被污染土壤使有机污染物挥发去除；②废气处理，防止加热挥发的污染物进一步扩散污染大气环境。热脱附技术具有设备移动性强、污染物处理范围广以及修复后土壤再生利用程度高等优点，特别是对一些含氯的有机污染物，这种非氧化燃烧的方式可以显著减少二噁英的生成。

热脱附系统包括连续给料系统和批量给料系统，连续给料系统采用异位处理方式，批量给料系统既可原位修复又可异位修复。热空气浸提热脱附系统是一种新型的批量进料系统，如图2-21所示，土堆内埋设热气注入管并在土堆顶部设置抽气管，外层覆盖不透气布，热空气先利用燃烧丙烷加热后，利用鼓风机传送至土堆中将有机物脱附后以气体形态带出，再经燃烧室氧化破坏后循环利用。

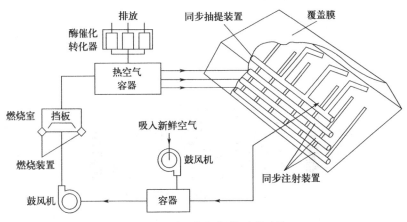

图 2-21 热空气浸提热脱附系统

2.4.3.2 土壤蒸气浸提技术

土壤蒸气浸提技术是另一种可以有效去除土壤中挥发性有机污染物（VOCs）的原位修复技术。如图2-22所示，通过注射井将新鲜的空气注入污染区域，利用真空泵的抽吸作用产生负压，空气会不断流向污染区域，从污染土壤中解吸并夹带着孔隙中的VOCs，通过抽取井流回地上。抽取出的气体在地上进入气体处理系统，通过活性炭吸附以及生物处理等净化过程处理后，可排放到大气中或者被重新注入地下进行循环使用。抽吸出的污染地下水则会进入水处理系统，完成污染物的净化去除。该方法具有可操作性强、成本低、可采用标准设备、不破坏土壤结构、处理有机物的范围宽以及无二次污染等优点。研究发现应用该技术可使土壤中苯系物等轻组分石油烃类污染物的去除率达到90%。

2.4.3.3 电动力学修复技术

电动力学修复技术是处理污染土壤的一项新的化学技术方法，已进入现场修复应用阶

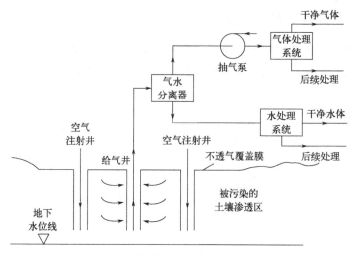

图 2-22　土壤蒸汽浸提修复技术示意图

段。电动力学修复机理如图 2-23 所示，将电极插入土壤中，加上直流电压后形成电场，引起土壤孔隙水中带有电荷的离子和土壤颗粒在电场中产生各种电动力学效应，使污染物在土壤中定向迁移，并富集在电极区域，再通过一系列后处理将其去除。主要的电动力学效应有电解反应、电渗析、电迁移、电泳等。

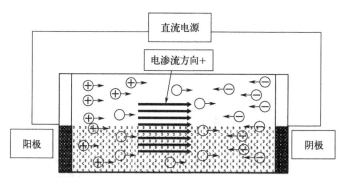

图 2-23　电动力学修复机理示意图

　　与传统的生物法、清洗法等修复技术相比，电动力学修复技术具有处理快速且比较彻底、接触有害物质少、成本低、可控性强、适用范围广、不破坏原有自然生态环境等优点，特别适用于小范围的黏质的多种重金属污染土壤和可溶性有机物污染土壤的修复。研究表明电动力学技术可高效地去除土壤中的铬、铜、铅、汞、锌、锰等重金属离子和氟、苯酚、乙酸、六氯苯、三氯乙烯以及一些石油类污染物。

2.4.4　污染土壤的化学修复技术

　　污染土壤的化学修复技术相对于其他修复技术来说是发展最早的，其特点是修复周期短。目前，较为成熟的化学修复技术有化学淋洗技术、固化/稳定化修复技术、化学氧化修复技术、洗脱/萃取修复技术、光催化降解技术等。

2.4.4.1　化学淋洗技术

　　化学淋洗技术是指利用能够促进土壤中污染物溶解或迁移的溶剂，通过水力压头推动清洗液，将其注入被污染土层，然后再把溶解了污染物的溶剂从土层中抽提出来进行分离和污水处理的技术。通常，清洗液可以是清水，也可以是包含了冲洗助剂的特殊溶液，清洗液可以循环再生或多次注入地下水来活化剩余的污染物。化学淋洗技术适用范围较广，可用来处理多种有机和无机污染物。但该技术面临着用水量大，要求修复场地靠近水源地，以及需要进一步处理废水而导致成本增加等难题。

化学淋洗技术包括原位淋洗技术和异位淋洗技术。原位淋洗技术最适合重金属、易挥发卤代有机物以及非卤代有机物污染土壤的处理与修复，适合多孔隙、易渗透的土壤。如图2-24(a) 所示，原位土壤淋洗系统主要由土壤淋洗液施加系统、下层淋洗液收集系统、地上淋洗液处理系统组成。如图 2-24(b) 所示，异位土壤淋洗修复包括以下步骤：①污染土壤的挖掘；②污染土壤的淋洗修复处理；③污染物的固液分离；④残余物质的处理和处置；⑤最终土壤的处置。异位淋洗技术适合重金属、放射性元素以及多种有机物污染的土壤的治理。

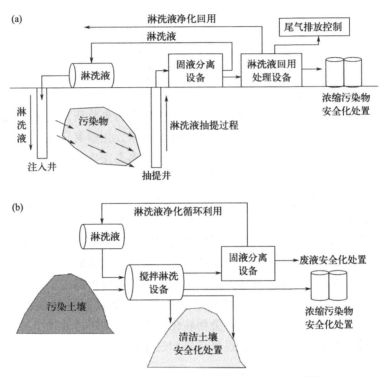

图 2-24　原位土壤淋洗系统（a）和异位土壤淋洗系统（b）

2.4.4.2　固化/稳定化修复技术

固化/稳定化修复技术是指防止或降低污染土壤释放有害化学物质过程的一种修复技术，通常用于重金属和放射性物质污染土壤的无害化处理。该技术采用稳定化材料，将土壤中的污染物固定在受污染土壤中，使其能够保持长期稳定状态，不改变其性质，不迁移，从而不影响周边土壤环境。固化/稳定化技术是一种污染土壤的快速治理技术，对重金属污染物具有较好的处理效果。该技术的关键是固定剂和稳定剂的选取，水泥是目前应用最多的固定剂，此外还包括沥青、石灰、钢渣、粉煤灰、沸石等，大多数固定剂为碱性物质，能够保证系统保持较高的 pH 值，持续稳定地和重金属等发生反应，从而实现金属氢氧化物的沉淀固定。

图 2-25 为污染土壤的固化/稳定化修复工艺流程。原位固化/稳定化修复技术是少有的

能够原位修复重金属污染土壤的技术之一，该技术向污染土壤中投加固定/稳定化药剂，形成固定/稳定化介质，若产生尾气则需要对尾气进行净化处理。异位固化/稳定化是将污染土壤或污泥挖出后，在地面上利用大型混合搅拌装置将污染土壤与修复物质完全混合，实现土壤的修复净化，处理后的土壤或污泥再被填回原处或者进行填埋处理。异位固化/稳定化主要用于处理污泥污染物质，其对于半挥发性有机物质及农药杀虫剂等污染物的修复能力有限。

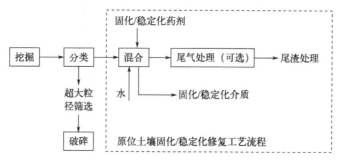

图 2-25　污染土壤的固化/稳定化修复工艺流程

2.4.4.3　化学氧化修复技术

化学氧化修复技术是通过掺进土壤中的化学氧化剂与污染物所产生的氧化反应，使污染物快速降解或转化为低毒、低移动性产物的一项修复技术。化学氧化技术将氧化剂注入土壤中，通过氧化剂与污染物的混合、反应使污染物降解或形态发生变化。化学氧化修复技术多应用于毛细上升区和季节性饱和区域污染土壤的净化，对于污染范围大、污染浓度低的土壤修复经济性欠佳，污染物浓度过高或者非水相流体过多时，需要考虑和其他技术联合治理。

原位化学氧化修复技术主要用来修复被有机溶剂、油类、五氯硫酚（PCP）、多环芳烃、农药等污染物污染的土壤。氧化修复技术不但可以对这些污染物起到降解脱毒的效果，而且反应产生的热量能够使土壤中的一些污染物和反应产物挥发或变成气态逸出地表，这样可以通过地表的气体收集系统进行集中处理。缺点是加入氧化剂后可能生成有毒副产物，使土壤生物量减少或影响重金属存在形态。异位化学氧化技术是指向污染土壤添加氧化剂或还原剂，通过氧化或还原作用，使土壤中的污染物转化为无毒或相对毒性较小的物质。常见的氧化剂包括芬顿试剂、高锰酸盐、臭氧、过氧化氢和过硫酸盐等。

2.4.5　污染土壤的生物修复技术

2.4.5.1　植物修复技术

植物修复是指利用植物对有机或无机污染物的吸收、蓄积、固定、分解等机能，修复污染环境媒体（土壤、底泥、水质、大气等）。植物修复技术用于修复污染土壤时，主要通过种植的优选植物及其根际微生物直接或间接吸收、降解、挥发、固定和分离污染物，使土壤生态系统的功能得到恢复或改善，种植的植物可进行生物质利用或焚烧。土壤植物修复如图 2-26所示，根据其作用过程和原理，植物修复技术

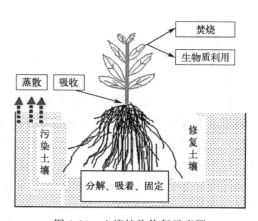

图 2-26　土壤植物修复示意图

可以分为根际过滤、植物萃取、植物固定、植物降解、植物挥发等类型。

植物修复技术可治理的污染物有石油、农药、重金属、持久性有机污染物、放射性核素等，该技术不仅应用于农田土壤中污染物的去除，同时适用于人工湿地建设、填埋场表层覆盖与生态恢复、生物栖身地重建等。植物修复技术的最大优点是利用自然条件下植物的生长修复污染土壤，其具有修复成本低、可以维持和改善土壤性能、可修复的污染物十分广泛的典型优势，同时有利于周围大气、水质、环境绿化的改善，具有良好的社会、生态和综合效益，很容易被公众接受。但其缺点是修复周期长、对深层污染的修复有困难、容易受气候等因素影响。植物修复一般适用于污染浓度不高、污染范围较大的农林业土壤。

2.4.5.2 微生物修复技术

土壤微生物修复技术是一种利用土著或人工驯化的具有特定功能的微生物，在适宜环境条件下，通过微生物代谢作用降低土壤中有害污染物浓度或将其降解为无害物质的修复技术。微生物对重金属污染土壤的修复原理主要包括富集和转化两种作用方式，生物富集主要表现在沉淀、胞外配合、胞内积累三种形式；微生物对有机污染物的降解转化则主要依靠微生物分泌的胞外酶，或污染物被微生物吸收至胞内，由胞内酶降解转化为小分子无毒物质。

从修复场地来分，土壤微生物修复技术主要分为原位和异位微生物修复。原位微生物修复不需将污染土壤搬离现场，直接向污染土壤投放氮、磷等营养物质和供氧，促进土壤中土著微生物或特异功能微生物的代谢活性，降解污染物。原位微生物修复技术主要有生物通风法、生物强化法、土地耕作法和化学活性栅修复法等几种。异位微生物修复是指把污染土壤挖出进行集中生物降解，主要包括预制床法、堆制法及泥浆生物反应器法。

与化学和物理修复技术相比，微生物修复技术的应用成本较低，对土壤肥力、组分和代谢活性产生的负面影响小，同时可以避免因污染物转移而对环境和人类健康产生的影响。但其不足之处包括：首先，通常修复时间较长，同时由于微生物遗传稳定性差、易发生变异，通常无法将污染物彻底全部去除；其次，由于微生物的特异性，当污染物发生改变时，可能不会被同一微生物降解；最后，微生物对污染土壤中重金属的吸附和累积容量有限，其需要与土著菌株竞争，受环境条件影响较大。

主要参考文献

[1] 曲久辉，赵进才，任南琪，等．城市污水再生与循环利用的关键基础科学问题 [J]．中国基础科学．2017，19（1）：6-12.

[2] GB/T 18919—2002 城市污水再生利用分类．

[3] 童志权．大气污染控制工程 [M]．北京：机械工业出版社，2006.

[4] GB 13271—2014 锅炉大气污染物排放标准．

[5] GB 13223—2011 火电厂大气污染物排放标准．

[6] HJ 2026—2013 吸附法工业有机废气治理工程技术规范．

[7] 生态环境部．中华人民共和国固体废物污染环境防治法 [A/OL]．（2020-04-29）．https：//www.mee.gov.cn/ywgz/fgbz/fl/202004/t20200430_777580.shtml.

[8] 何品晶．固体废物处理与资源化技术 [M]．北京：高等教育出版社，2011.

[9] 熊敬超，宋自新，崔龙哲，等．污染土壤修复技术与应用 [M]．北京：化学工业出版社，2021.

[10] 赵勇胜．地下水污染场地的控制与修复 [M]．北京：科学出版社，2015.

第3章

实习实训活动

3.1 污水处理与再生利用工程实习

3.1.1 实习目的

① 掌握城市污水处理的工艺流程及基本原理，理解城市污水用于城市景观、工业用水时的深度处理途径。

② 掌握城市污水处理与再生利用工艺关键参数选取和设计方法，具备工艺方案选择、论证和经济评价等基本能力。

③ 掌握典型工业废水的处理工艺与方法原理，具有依据水质、水量进行工艺运行调控的基本能力。

④ 通过与工程师、项目施工和技术研发人员讨论交流，培养独立思考、自主学习的意识，提高组织规划、团队协作的专业能力。

3.1.2 实习内容

（1）城市污水处理厂实习

① 一级和二级污水处理工艺；

② 深度处理工艺；

③ 工艺选择和设计依据；

④ 城市污水处理厂的运行管理规程。

（2）焦化废水处理与回用实习

① 含油污水处理工艺；

② 生活污水处理系统；

③ "三泥" 脱水系统。

（3）石化污水处理厂实习

① 工业污水处理工艺；

② 生活污水处理工艺；

③ 污泥处理工艺。

3.1.3 实习准备与考核

3.1.3.1 实习要求

① 预习城市生活污水与典型工业废水的水质特征、处理流程、工艺原理与再生利用情况。

② 实习过程严格遵守实习单位提出的安全须知和各项要求。

③ 认真听讲解员介绍的内容，积极与技术人员交流讨论，掌握城市污水与工业废水处理的各构筑物单元运行原理与处理效能，了解不同废水处理与再生处理工艺的运行调控参数。

④ 通过拍照、笔记形式做好实习记录。

⑤ 小组配合完成实习海报、专题讲演与小组报告，每个人在小组内分工明确，共同完成实习任务。

3.1.3.2 分组与选题

污水处理与再生利用工程实习设置4个专题：废水一级处理工艺、废水二级处理工艺、废水再生回用处理工艺、污泥处理工艺。全部学生自由组合分组，每组6~8人，抽签决定各小组的专题内容。根据选定的专题内容，以小组为单位，制作实习海报，进行讲演展示。

3.1.3.3 实习成果形式

实习成果形式包括实习日志、实习报告和实习海报。

（1）实习日志

实习日志包括时间、地点、实习内容、收获与心得，200字左右。

（2）实习报告

实习报告包括封面、目录、报告内容。实习报告中要求包含本次实习的核心内容，详细介绍相关原理、工厂或项目的情况、厂区平面图、工艺流程图、主要设备及功能、污染防控措施、运行管理，进行思考总结，具体格式参见附录1。

（3）实习海报

以小组为单位，制作本小组实习内容的专题海报1张，尺寸50cm×70cm。

3.1.3.4 考核评价标准

平时成绩20%，实习报告40%，讲演展示30%，实习海报10%。讲演展示成绩分为两个部分，小组分数和个人分数各占50%。其中，小组分数由实习指导教师和其他小组匿名评审得出，个人分数根据小组内部的个人贡献内部评定，具体见表3-1。污水处理与再生利用工程实习成绩=平时成绩×20%+实习报告×40%+讲演展示×30%+实习海报×10%。

表 3-1 污水处理与再生利用工程实习评分表

类别	比例	评分标准
平时成绩	20%	指导教师评定。出勤情况、安全事项、交流讨论、自主学习
实习报告	40%	指导教师评定。条理清晰、内容详实、格式规范、用语专业
讲演展示	30%	小组分数（50%），指导教师和其他小组匿名评审。内容准确、关键要点讲述尽详尽；PPT美观；口头表达思路清晰、语言流畅；仪表端庄、自信大方
		个人分数（50%），小组内部评定。根据个人贡献，小组成员之间协商互评
实习海报	10%	海报张贴在教学楼内一周，随机挑选一定数量对此感兴趣的同学作为评委，给出综合分数
总分		100

注：各个部分评分时为百分制，建议给出具有区分度的成绩。

3.1.4 城市污水处理厂实习

3.1.4.1 污水厂简介

某城市污水处理厂目前承担某经济开发区的工业尾水和生活污水的水质净化任务，处理后的城市污水直接排入市内景观河，造成了污水影响区农产品质量下降、地下水污染严重、癌症发病率升高等问题。在该污水处理厂升级改造前，出水 BOD、COD、油类及酚等浓度已超过国家标准，致使市内两条景观河流及其入流的江水系均遭受严重污染。

3.1.4.2 污水处理厂设计依据

根据国家有关技术、经济等方面的政策和省、市政府对污水处理厂及排水管网工程的要求，确定以下设计原则：

① 结合城市发展总体规划的要求，并符合流域污染综合治理及排水系统总体发展规划的要求。

② 工程规模、投资数额要考虑国家和地方财政的支付能力，做到切合实际，降低工程费用。

③ 在治理污染的同时，考虑北方地区水资源缺乏的问题，变害为利，考虑处理后的污水作为资源的可能性，充分利用水资源。

④ 引进新工艺、新技术、新设备、新材料。在比较和选择工程方案时，要优先考虑工艺先进、技术可靠、经济合理的方案，以降低工程造价，减少运行成本，节省工程用地。

⑤ 考虑施工方便，管理维护集中、便捷，运转安全等因素，同时更应统筹兼顾。自控程度要达到国内乃至国际先进水平。

3.1.4.3 进出水水质

某污水处理厂的进水水质与景观环境用水的再生水水质如表 3-2 与表 3-3 所示（表中所示为平均值）。该市有关规划部门在考虑规划建设该污水处理厂时，决定将污水处理厂处理后的排放水作为景观用水回流到市内景观河中。所以，该污水处理厂处理后排放水的用途符合《城市污水再生利用　景观环境用水水质》（GB/T 18921—2019）中规定的观赏性景观环境用水要求。

表 3-2　污水处理厂进水水质

指标	COD/ (mg/L)	BOD_5/ (mg/L)	TSS/ (mg/L)	TN/ (mg/L)	NH_4^+-N/ (mg/L)	TP/ (mg/L)
浓度	360	180	240	40	30	6

表 3-3　景观环境用水的再生水水质

项目	观赏性景观环境用水			娱乐性景观环境用水		
	河道类	湖泊类	水景类	河道类	湖泊类	水景类
基本要求	无漂浮物，无令人不愉快的嗅和味					
pH 值（无量纲）	6～9					
五日生化需氧量(BOD_5)/(mg/L)	≤10	≤6	≤10	≤10	≤6	
浊度/NTU	≤10	≤5	≤10	≤10	≤5	
总磷（以 P 计）/(mg/L)	≤0.5	≤0.3	≤0.5	≤0.5	≤0.3	

项目	观赏性景观环境用水			娱乐性景观环境用水		
	河道类	湖泊类	水景类	河道类	湖泊类	水景类
总氮（以 N 计）/(mg/L)	≤15	≤10		≤15	≤10	
氨氮（以 N 计）/(mg/L)	≤10	≤3		≤10	≤3	
粪大肠菌群/(个/L)	≤10000			≤10000		≤3
余氯/(mg/L)	—					0.05～0.1
色度/度	≤20					

注：1. 未采用加氯消毒方式的再生水，其补水点无余氯要求。

　　2.“—”表示对此项无要求。

3.1.4.4　工艺流程

（1）一级和二级处理工艺

通过分析进水水质和相近污水处理厂工艺，选择二级处理工艺为生物脱氮除磷工艺。污水处理厂一级和二级处理工艺流程如图 3-1 所示。一级处理设施主要包括粗、细格栅和沉砂池，主要用于去除水中的漂浮物和砂粒，用于保护后续水泵设施和其他污水处理设施，同时减少设备磨损。考虑污水处理厂所需达到的污水处理程度和设计规模的实际情况，选择二级处理工艺为 A^2/O。该工艺的主要优点为：较好的除磷脱氮效果，稳定性好且出水水质较好；污泥经厌氧中温消化处理后达到稳定，不会造成二次污染；运行、管理经验成熟，实践经验丰富。

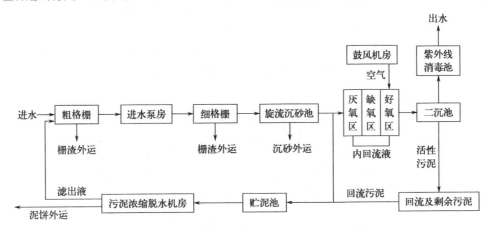

图 3-1　污水处理厂一级和二级处理工艺流程图

（2）深度处理工艺

采取“小孔眼网格反应池＋小间距斜板沉淀池＋V 型滤池”的组合工艺对二级出水进行混凝、沉淀、过滤等深度处理。

小孔眼网格反应池是涡旋混凝低脉动沉淀给水处理技术原理指导下的、基于亚微观水力学的装置，全部布设网格，有利于析出的小矾花的快速有效碰撞，使矾花颗粒由小变大，由松散到密实，既保证了反应后矾花颗粒达到一定的尺度和密实度，又增强了矾花抗剪切能力，从而避免了反应不完全或过反应现象产生。小孔眼网格反应池是传统网格反应工艺的加强，在沿水流方向上形成无数个小尺度的旋涡，这些小的旋涡会将反应控制在较小的空间数量级，充分发挥药剂效果，形成更利于沉淀的密实矾花。

小间距斜板沉淀池是浅池技术的发展。由于斜板间距小，抑制了水流的脉动，加上沉淀距离小，矾花可快速沉淀；水力阻力大，沉淀池中流量分布均匀，避免局部矾花泄漏；无侧向约束，沉淀面积与排泥面积相等，大幅度提高了沉淀排泥负荷，利于排泥。其缺点是池体结构复杂，但在狭小厂区应用此工艺有很大优势。与斜管沉淀池相比，其技术优势主要体现在以下方面：①小间距斜板较常规设备大大缩小了板间距，从而大幅提高了沉淀池空间利用效率；②由于小间距斜板雷诺数（Re 值）较斜管沉淀池小，能够有效抑制颗粒沉降的水力脉动，从而大大降低水流细部扰动对矾花沉降的负面影响；③小间距斜板间距小，阻力大，因此比斜管更具有布水均匀、不短流的优点；由于结构上的优化，小间距斜板无侧向约束，不积泥，从而保证小的矾花絮凝体亦可有效去除；④小间距斜板沉泥面积与排泥面积相等，排泥面积是普通斜管的 2 倍多，大幅度提高了沉淀排泥负荷，更利于排泥；⑤小间距斜板采用优质聚合物材质，具有很高的表面光洁度，且该种材料有疏水性质，不利于矾花附着，利于排泥。由于小间距斜板的结构特征，以及其所采用的规格较厚的聚合物板材和支撑型材，使其具有普通斜管无法比拟的刚度、耐重负荷、不易变形。

V 型滤池（图 3-2）是恒水位过滤，池内的超声波水位自动控制可调节出水清水阀，阀门可根据池内水位的高低自动调节开启程度，以保证池内的水位恒定。V 型滤池所选用的滤料为石英砂均质滤料，铺装厚度（约 1.20m）较大，粒径（0.95～1.35mm）也较粗。当反冲洗滤层时，滤料呈微膨胀状态，不易跑砂。V 型滤池的另一特点是单池面积较大、过滤周期长、水质好、节省反冲洗水量。单池面积普遍设计为 70～90m²，甚至可达 100m² 以上。由于滤料层较厚，载污量大，滤后水的出水浊度普遍小于 0.5NTU。V 型滤池的特点是滤池过滤周期长，采用均质深层砂滤料，滤料层利用率高、截污能力强、滤速大、滤后水质好。反冲洗方式为气水反冲加表面扫洗，反冲洗强度小，节省冲洗水量和电耗，反冲洗效果好。单池进、出水设置堰板，使各池进水均匀，进出水不受其他单池的影响，并可根据滤池水位的变化微量调节出水阀门的开启度，以达到恒位、恒速过滤的目的。

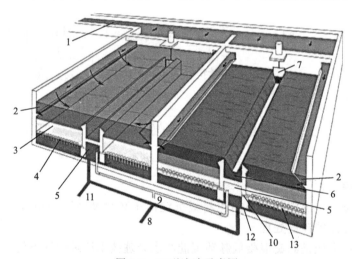

图 3-2　V 型滤池示意图

1—原水进水；2—V 型进水槽；3—滤料层；4—滤头支撑板；5—过滤水渠道及反冲洗气水渠道；6—冲洗水出水；7—冲洗水出水阀；8—冲洗水；9—反冲洗空气管；10—反冲洗空气进口；11—过滤水出水；12—冲洗水分配；13—滤头

3.1.4.5　运行情况

该污水处理厂运行以来，为当地的社会经济可持续发展提供了支持与保障。长期运行效果表明，A²O 工艺污水厂运行稳定，出水水质优于设计标准，长期稳定运行二级出水 COD

平均在 40mg/L 以下，COD 平均去除率达到 92%；出水 SS 平均小于 10mg/L，平均去除率达到 96%；出水 NH_4^+-N 平均在 5.0mg/L 以下，平均去除率达到 85%；出水 TP 平均在 0.5mg/L，去除率达到 92%。深度处理出水 COD_{Cr} 去除率≥86.11%，SS 去除率≥95.8%，NH_4^+-N 去除率≥83.3%，TP 去除率≥91.7%，满足热电厂用水要求，同时也满足设计出水标准。

3.1.4.6　实习重点与难点

（1）实习重点

① 城市生活污水处理工艺流程、构筑物结构、构筑物内的水流流向与运行参数。

② 城市生活污水处理的运行调控操作，在线监测仪表设备。

（2）实习难点

① V 型生物滤池的过滤反冲洗操作、反冲洗方式与原理。

② 城市污水处理工艺流程的选择依据。

3.1.5　焦化废水处理与回用实习

3.1.5.1　焦化废水的来源与水质特征

根据焦化生产工艺不同，焦化废水可分为洗涤水、蒸氨废水、精制废水。其中，蒸氨废水和精制废水部分包含大量的酚类、苯系物、多环芳烃、氰化物、硫化物、含氧和含硫杂环化合物以及长链烃等多种难降解物质。特别是废水中的氰化物，不仅能引起急性中毒，短时间内就会导致水生生物死亡，对微生物也会产生毒性抑制作用。此外，酚类物质也属于典型的生物抑制性污染物，其中卤代酚是国际上公认的优先控制类污染物，具有致癌、致畸、致突变的"三致"作用。多环芳烃等杂环化合物则容易产生毒性积累，其中苯并 [a] 芘、苯并 [a] 蒽具有强致癌性，通过接触人体皮肤即可导致中毒。焦化废水中这些毒性强、危害大的有机组分导致焦化废水处理难度大、效果差，甚至其尾水对环境仍有潜在危害。图 3-3 展现了焦化废水经不同方法处理后有机组分（包括苯、甲苯、乙苯、二甲苯同分异构体）的变化。可见，焦化废水即使经生物处理后依旧有较高浓度的污染物存在。

3.1.5.2　处理技术与工艺选择

焦化废水处理技术与工艺选择的基本原则如下：

① 应能脱除焦化废水中所含油类、挥发酚、氰化物、硫氰化物和氨氮等，且不产生二次污染和发生污染物转移。

② 工艺流程应考虑到基建投资、运行成本、使用寿命、资源占用、能源消耗等因素，可通过技术比较确定。

③ 处理设施结构形式、设备及材料的选择，系统有效容积设置及机器内部配置应符合焦化废水特点，满足生化处理所需的各种微生物的生理和生存需要。

④ 工艺流程应考虑到地域、距离、地质、气象及气温、水温等自然因素的影响。

⑤ 所选择的处理工艺应技术成熟，且能长期稳定达标运行。

⑥ 高浓度焦化废水在被送至废水生化处理系统前应进行除油和蒸氨处理。

生化处理系统设计处理量为 $70\sim100m^3/h$ 时，进水水质和出水水质执行《炼焦化学工业污染防治可行技术指南》（HJ 2306—2018）。

3.1.5.3　工程概况与废水水质水量

某煤焦公司年产优质焦炭 1×10^6t，焦油加工 1×10^5t，精苯加工 1×10^4t，形成了以洗

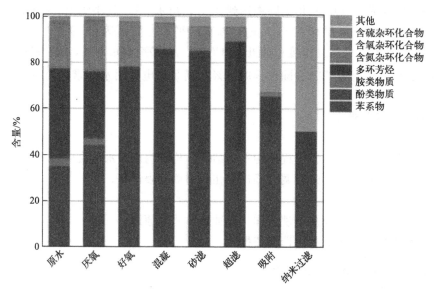

图 3-3　焦化废水经不同方法处理后有机组分的变化

煤、炼焦、焦油回收加工、苯精制加工的产业链。该废水处理装置的来水分为两部分，一部分为生活污水，水量为 $0\sim10m^3/h$，另一部分为生产废水，水量为 $30\sim40m^3/h$。生化处理系统设计处理量为 $70\sim100m^3/h$，进水水质和出水水质要求见表 3-4。

表 3-4　进出水水质

项目	pH	COD/ (mg/L)	挥发酚/ (mg/L)	CN^-/ (mg/L)	SS/ (mg/L)	NH_4^+-N/ (mg/L)	油类/ (mg/L)
进水指标	6～9	2000～3500	400～700	40	200	300	30
排放指标	6～9	100	0.5	0.5	60	15	5

3.1.5.4　工艺流程

焦化废水处理工艺流程如图 3-4 所示，由预处理、生化处理、混凝处理三部分组成。

预处理部分由预处理泵房、隔油池、事故池、气浮池等组成。焦化废水和其他废水经蒸氨后进入隔油池，去除粒径较大的油珠及相对密度大于 1.0 的杂质。经隔油后的废水进入气浮池进行气浮除油，投加破乳剂、混凝剂后使废水中的乳化油破乳脱稳，水中的乳化油、分散油附着在气泡上，随气泡一起上浮到水面，从而可将乳化态的焦油有效地去除，COD、BOD 也得到部分去除。气浮池出水进入调节池，均质均量，减少后工序水量、水质的波动。在预处理阶段去除废水中的油类，为生化处理创造条件。

生化处理由厌氧池、缺氧池、好氧池、鼓风机房、二沉池等组成。调节池的出水进入厌氧池，焦化废水中难以降解的芳香族有机物在厌氧池通过厌氧微生物发酵，开环变为链状化合物，长链化合物开链成短链化合物，大大提高难降解有机物的好氧生物降解性能，为后续的好氧生物处理创造良好的条件。废水与二沉池回流的硝化液一起进入缺氧池，缺氧池设组合填料，通过反硝化菌的生物还原作用完成硝酸盐氮向 N_2 的转化。缺氧池流出的废水进入好氧曝气池，好氧微生物在池中通过降解作用分解废水中的酚、氰和其他污染物，并通过硝化菌完成硝化过程。废水与悬浮活性污泥接触，在好氧条件下异养菌降解水中高浓度的COD，同时自身不断繁殖。活性污泥将水中的有机物吸附、氧化分解并部分转化为新的微

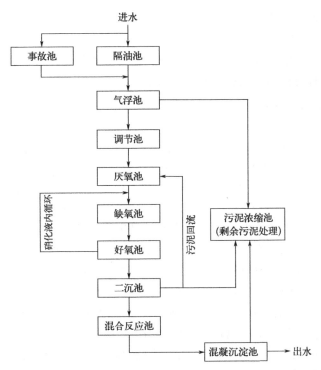

图 3-4 焦化废水处理工艺流程

生物菌胶团，净化废水。净化后的废水进入二沉池，进行泥水分离，污泥得到一定程度的浓缩，澄清混合液的同时排出污泥。好氧池反应温度为 20～40℃，pH 值为 8.0～8.5，此过程要求含碳有机质较少，以避免异养菌增殖过快，从而影响硝化菌的增殖。

混凝处理由混合反应池、混凝沉淀池和污泥浓缩池组成。通过物理化学方法对二次沉淀池的出水进行处理，降低出水中的悬浮物和 COD。药剂从管道加入后进入混合反应池反应，之后进入混凝沉淀池，上清液外排。混合沉淀池的污泥和剩余污泥一起到污泥浓缩池中处理。

3.1.5.5　焦化废水处理的影响因素

温度的影响。硝化菌适宜的生长温度在 20～35℃，低于 20℃或高于 35℃时生长减慢，5℃以下硝化反应将基本停止。当池内温度上升为 20℃时，氨氮降解率大大提高。

pH 值的影响。硝化反应最佳的 pH 值为 8.0～8.5，通过向好氧池投加 Na_2CO_3 来调节 pH 值，当 pH 值超过 8.5 时，缺氧池内气泡明显减少，反硝化率很低。

碳氮比（C/N）的影响。焦化废水中各种有机基质，如苯酚类及苯类物质是反硝化反应过程中的电子供体，是微生物的营养之一，它与废水中的氮含量的比值是反硝化的重要条件。焦化废水是高浓度含氮废水，需要通过反硝化菌消耗大量可降解有机物还原大量的硝酸盐氮。因此，焦化废水需要比一般废水更高的碳氮比，C/N 一般要大于 6。

溶解氧（DO）的影响。硝化菌是专性好氧菌，DO 的高低直接影响硝化菌的生长及活性。当 DO 升高时，硝化速率增加；当 DO 低于 0.5mg/L 时，硝化反应趋于停止。好氧池的 DO 应控制在 3～5mg/L，缺氧池的溶解氧应控制在 0.5mg/L 以下。

3.1.5.6　实习重点与难点

（1）实习重点

① 焦化废水的水质特征与处理工艺流程，构筑物工作原理与处理效能。

② 焦化废水的回用方式。

（2）实习难点

① 对比焦化废水二级处理运行参数与城市污水二级处理运行参数的差异。

② 焦化废水处理与回用工艺流程的选择依据。

3.1.6 石化污水处理厂实习

3.1.6.1 废水来源与基本工艺

某石化公司污水处理厂改扩建后，设计处理能力达到 $10000m^3/h$（$2.4×10^5t/d$），生化处理采用 A/O 工艺，主要任务是处理该公司石化工业废水和周边住宅的生活污水。污水厂占地面积 $5.4×10^5m^2$。2007 年投资 2000 万元，增建一座 $70000m^3$ 的水解酸化池（兼作事故池），并将第一系列的两个生化池改为采用高效基因工程菌固定化微生物技术。

污水处理厂按照处理流程分为酸碱污水中和处理、生活污水处理、污水二级生化处理三部分。关键的生化处理过程分为预处理、一级处理、二级生化、补充处理和污泥处理等五个单元。

一级处理主要采用水解酸化池以调节水量、水质，并采用厌氧工艺将难生化降解的大分子物质分解成易于生化降解的小分子；一级处理后的化工废水进入混合池与生活污水、含氮废水混合并被输送进入生化反应池进行二级生化，二级生化采用 A/O 工艺，分为缺氧段（A 段）和好氧段（O 段）；污水经二沉池沉淀去除悬浮物后，经补充处理单元（加药消毒、生物接触氧化）处理后最终排入天然水体。

3.1.6.2 主要运行参数

污水处理厂主要设计参数为总处理水量 $10000m^3/h$，其中，工业废水 $6000m^3/h$，生活污水 $2500m^3/h$，含氮废水 $1500m^3/h$；前置反硝化的 A/O 工艺中 A 段设计水力停留时间 4h，O 段设计水力停留时间 12h。

该污水处理厂自 1996 年改扩建投产以来，进水量负荷仅为 55%～65%，即实际进水量为 5500～$6500m^3/h$，尤其是工业废水为 2000～$2500m^3/h$，远未达到设计总水量 $10000m^3/h$ 及工业废水 $6000m^3/h$ 的设计能力。而工业废水进水水质却超过设计水质（COD＝600mg/L）较大幅度，一般都在 1000mg/L 以上。该污水处理厂处理效果见表 3-5。

表 3-5 某石化污水处理厂处理效果

项目	排水量/ ($10^4m^3/a$)	pH	COD/ (mg/L)	BOD_5/ (mg/L)	SS/ (mg/L)	氨氮/ (mg/L)	石油类/ (mg/L)	氰化物/ (mg/L)	硫化物/ (mg/L)	挥发酚/ (mg/L)
进水	5207	6～9	723.9	261.9	266.9	22.0	16.3	0.04	2.8	5.5
出水	5207	6～9	83.0	7.9	25.4	2.4	1.5	—	0.02	0.02
污染物综合 去除率/%	—	—	86.0	96.3	89.0	92.0	88.4	99.8	99.2	99.5
排放标准	—	6～9	120	30	70	25	10	0.5	1.0	0.5

3.1.6.3 工艺流程

石化污水处理工艺流程如图 3-5 所示。工业废水（酸水及其他工业废水）首先进入均质池，通过水力停留时间（HRT≥4h）实现水质、水量调节，确保后续处理负荷稳定。均质池出水通过酸水提升泵输送至反应池。中和后的废水进入沉淀池前，投加聚丙烯酰胺（PAM）作为絮凝剂，促进悬浮物（如 $CaSO_4$、金属氢氧化物）凝聚成较大絮体。沉淀池污泥泵入浓缩池（停留时间 12～24h）；通过重力浓缩将含水率降至 90%～92%。

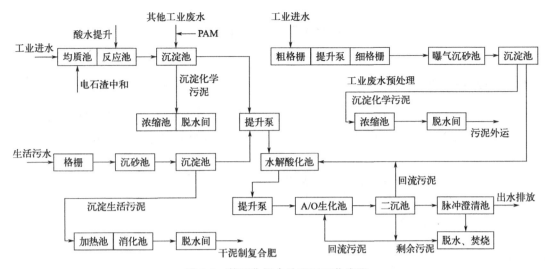

图 3-5 某石化污水处理厂工艺流程

污水预处理过程。来自石化各分厂的工业废水进入稳流池内，然后进入粗格栅间，经过粗格栅去除废水中的较大杂物，栅渣经螺旋输送机送出外运填埋。废水进入泵房通过潜水排污泵加压提升后进入巴式计量槽计量水量。废水进入曝气沉砂池内，通过鼓风曝气（曝气沉砂池内曝气用的空气来自生化车间鼓风机房）和重力沉降，比重较大的无机颗粒被沉降下来，沉砂由刮砂机刮出，外运堆埋，废水经管线送入初沉池配水井，然后均匀分配到三座初沉池，采用周边驱动全桥刮泥机，初沉池的污泥送入浓缩池减容后送入脱水间进行脱水（采用离心脱水机），最后外运填埋。

初沉池出水进入水解酸化池，同时生化系统车间回流剩余活性污泥与初沉池出水汇合一并进入水解酸化池，池内设有半软性、组合、弹性立体三种填料。当进水严重超标时，将废水送到事故池内进行事故处理，降低生化系统进水负荷，事故池内的污水送入稳流池重新进行处理。同时进入水解酸化池的还有某厂的含氮废水和预处理后的生活污水。水解酸化池出水由中间提升泵房提升后进入高位水池。

生化处理过程。高位水池的混合污水经管线自流到生化反应池配水井中，再经阀门分配到生化反应池与回流的活性污泥充分混合，进入 A/O 生化反应池，通过生物处理后废水进入二沉池进行泥水分离，沉淀后的污泥流入集泥池，回流污泥用泵打回生化反应池配水配泥井中，剩余污泥经浓缩、脱水后外运填埋，脱水预处理采用聚丙烯酰胺（PAM）。

二沉池出水进入生物接触氧化池，进一步去除小悬浮物及难降解的有机物，出水经过液氯消毒后达到污水综合排放标准一级标准后排入松花江。

3.1.6.4 实习重点与难点

（1）实习重点

① 石化废水的水质特征与处理工艺流程，各构筑物的工作原理与处理效能。

② 污泥处理工艺流程与构筑物工作原理。

（2）实习难点

① 石化废水处理工艺流程中各构筑物所处理污染物的类型与效能。

② 石化废水处理工艺流程的设计依据。

3.2 大气污染控制工程实习

3.2.1 实习目的

① 掌握供热公司、水泥厂、热电厂等典型工业企业的大气污染控制工艺流程和设备管理。

② 掌握除尘设备、脱硫装置、脱硝系统等大气污染控制处理单元的工作原理及实际运行情况。

③ 了解大气污染控制设备的市场需求和产品定位。

④ 对比、归纳和总结各工业企业的大气污染控制工艺流程、运行管理等的异同与优劣；

⑤ 为毕业设计收集资料。

3.2.2 实习内容

（1）供热公司大气污染控制工程实习

① 低压脉冲袋式除尘器的操作流程；

② 氢氧化钠脱硫法的操作流程；

③ 厂区内大气污染物无组织排放管控。

（2）水泥厂大气污染控制工程实习

① 有组织排放的收尘方式；

② 无组织排放的控制措施。

（3）热电厂大气污染控制工程实习

① 除尘工艺的操作工况与控制系统；

② 脱硫工艺的操作工况、升级与管控；

③ 脱硝工艺的选择、改造与配套设施。

3.2.3 实习准备与考核

3.2.3.1 实习要求

① 预习脱硝、除尘、脱硫等典型大气污染控制技术的基本原理、工艺流程及主要方法。

② 实习过程严格遵守实习单位提出的安全须知和各项要求。

③ 认真听讲解员介绍的内容，积极与技术人员交流讨论，从整体上把握大气污染控制的指导原则，培养综合运用大气污染控制工程及其他相关课程的理论知识与生产实际知识来分析和解决大气污染控制问题的能力。

④ 通过拍照、录音和笔记形式做好实习记录。

⑤ 小组成员间相互配合完成实习海报、专题讲演与小组报告，每个人在小组内分工明确，共同完成实习任务。

3.2.3.2 分组与选题

大气污染控制工程实习设置 4 个专题：除尘装置、烟气脱硫处理系统、烟气脱硝处理工艺、无组织排放。全部学生自由组合分组，每组 5～6 人，抽签决定各小组的专题内容。根据选定的专题内容，以小组为单位，制作实习海报、进行讲演展示。

3.2.3.3 实习成果形式

实习成果形式包括实习日志、实习报告和实习海报。

（1）实习日志

实习日志包括时间、地点、实习内容、实习心得，200字左右。

（2）实习报告

实习报告包括封面，目录，报告内容。实习报告中要求包含本次实习的核心内容，详细介绍实习单位、涉及工艺、典型设备与构筑物、参数调控、运行管理，进行思考总结，具体格式参见附录1。

（3）实习海报

以小组为单位，制作本小组实习内容的专题海报1张，尺寸50cm×70cm。

3.2.3.4 考核评价标准

大气污染控制工程实习成绩=平时成绩×20％＋实习报告×40％＋讲演展示×30％＋实习海报×10％。讲演展示成绩分为两个部分：小组分数70％＋个人分数30％。其中，小组分数由实习指导教师和其他小组匿名评审得出，个人分数根据小组内部的个人贡献内部评定，具体见表3-6。

表3-6　大气污染控制工程实习评分表

类别	比例	评分标准
平时成绩	20％	包括出勤情况、安全事项、交流讨论、自主学习部分，由指导教师评判
实习报告	40％	要求条理清晰、内容详实、格式规范、用语专业，由指导教师评判
讲演展示	30％	要求内容准确、重点突出、思路清晰、语言流畅、仪表端庄、自信大方，由指导教师和其他小组匿名评审，占讲演总成绩的70％
		根据个人贡献，小组成员之间互评协商，由小组内部评定，占讲演总成绩的30％
实习海报	10％	海报张贴在教学楼内一周，随机挑选一定数量对此感兴趣的同学作为评委，给出综合分数
总分		100

注：各个部分评分时为百分制，建议给出具有区分度的成绩。

3.2.4　供热公司大气污染控制工程实习

3.2.4.1　供热厂简介

某热力公司成立于2011年，总投资为7582万元，为城市东部周边居民提供稳定的供热服务，其总的供热流程如图3-6所示。斗式提升机将煤运至锅炉中，并往锅炉中通入助燃空气，使煤在锅炉中燃烧，释放热量提高了锅炉内的温度和烟气的温度。这部分热量通过换热器传递给水，热水通过管网送至换热站，与换热器供热区的冷水进行热量交换，使供热区的水升温，最终送至用户。

厂内大气污染控制总工艺流程如图3-7所示。建厂初期，锅炉房使用一台生物质锅炉进行供热，并配有一套湿式除尘设备。湿式除尘设备具有结构简单、价格低廉的特点，适合用于高温高湿气体的处理，在处理非纤维性粉尘的同时，对SO_2等有害气体也有一定的吸收作用。随着供热面积的增大，该厂停用生物质锅炉，增设两台29MW的燃煤热水锅炉（一

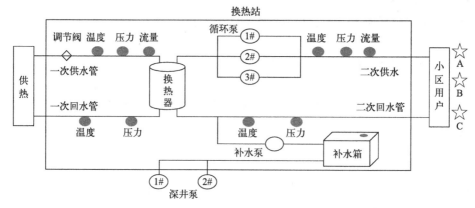

图 3-6　供热流程

A—高位末端监测站；B—中位末端监测站；C—低位末端监测站

用一备），主要污染物为颗粒物与 SO_2，NO_x 含量较低。随着供热量增加，烟气量也相应增大，原有的湿式除尘设备无法满足改造后的生产需要。考虑到湿式除尘器存在管道设备腐蚀严重、易堵塞积灰、脱硫效率较低、脱水效果差等种种问题，为符合《锅炉大气污染物排放标准》（GB 13271—2014）的相应规定，该厂使用袋式除尘设备及一体式脱硫烟塔，对烟气分别进行除尘、脱硫处理。锅炉房燃煤锅炉产生的烟气经布袋除尘器处理后，经 50m 烟道输送至一体式脱硫排烟塔。烟气自下而上运动，在塔内完成脱硫、除雾后，于塔顶烟囱口排出，不另设独立烟囱。

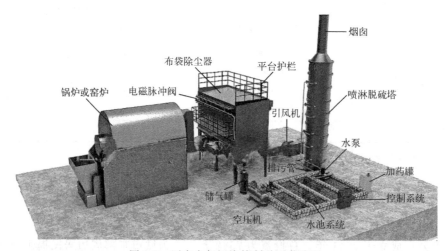

图 3-7　厂内大气污染控制总工艺流程

3.2.4.2　烟气除尘系统

该厂锅炉配套的袋式除尘器为低压脉冲袋式除尘器（图 3-8），工艺形式为 1 炉 1 除，即 1 台锅炉配 1 套除尘设备，共计两套。除尘设备由本体、导流、过滤、清灰、保护、压缩空气等组成，仪器仪表、PLC 柜、现场操作柜构成控制系统。除尘器的进风总管上装有温度检测装置，温度过高或过低时通过 PLC 自动打开旁路，防止低温结露堵塞滤袋或高温烧毁滤袋。除尘器系统设有保温层，以保持烟尘温度持续平稳，避免因结露而导致糊袋等现象发生，确保除尘器正常运转。锅炉袋式除尘器（单台）主要性能参数见表 3-7。

图 3-8 低压脉冲袋式除尘器装置

表 3-7 锅炉袋式除尘器（单台）主要性能参数

序号	项目	单位	数据
1	工艺形式		1 炉 1 除
2	设计处理烟气量	m^3/h	120000
3	设计除尘效率	%	99.98
4	入口温度	℃	160~200
5	允许入口粉尘浓度（标准状况）	g/m^3	3~6
6	设计出口粉尘浓度（标准状况）	mg/m^3	≤30
7	除尘器仓室数	个	8
8	除尘器布袋数	条	784
9	过滤面积	m^2	1920
10	过滤速度	m/min	1.04
11	滤袋材质		氟美斯＋覆膜
12	滤袋规格		$\Phi130\times6000$
13	允许连续使用温度	℃	<200
14	允许最高使用温度	℃	瞬间 220
15	脉冲阀数量	个	56
16	灰斗数	个	4
17	保温层和保护层材料		岩棉/彩钢板
	保温层和保护层厚度	mm/mm	100/0.5

3.2.4.3 烟气脱硫系统

锅炉排放的烟气经除尘设备后，通过引风机进入一体化脱硫烟塔（图 3-9），在塔内布

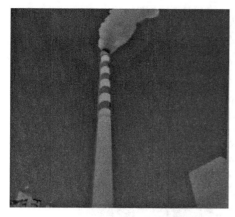

图 3-9　一体化脱硫烟塔

置三层喷淋装置，喷淋塔具有良好的气液接触条件，从喷淋装置喷出的碱液雾化后可与烟气中的 SO_2 充分反应，其主要原理为采用碱性水里的钠化合物（主要是 NaOH）吸收烟气中的 SO_2，吸收后排出的水再用 $Ca(OH)_2$ 进行再生，生成亚硫酸钙或硫酸钙沉淀，再生后的 NaOH 溶液送回吸收塔循环使用，基本不消耗 NaOH。该厂使用的脱硫剂为 NaOH、电石渣［主要成分为 $Ca(OH)_2$］，验收监测期间日使用量分别为 50kg 与 1.2t。脱硫后的净烟气经过折板式除雾器，除去水雾后的烟气通过烟囱达标排放。脱硫系统主要技术参数见表 3-8。

表 3-8　脱硫系统主要技术参数

项目			单位	参数
系统设计参数	单台脱硫塔	处理烟气量	m^3/h	1.2×10^5
		烟气塔内平均气速	m/s	3～3.5
		烟气停留时间	s	4～6
		循环水量	m^3/h	240
		液气比	L/m^3	≥4
		循环液 pH 值	—	8～9
		Ca/S	mol/mol	≤1.03
		副产物氧化效率	%	90～96
		系统总电耗	kW/h	120
		系统耗水量	t/h	2.4
		脱硫设备阻力	Pa	1200
		管道内循环液流速	m/s	1.8～2.5
		喷淋液压力	MPa	0.12～0.18
		SO_2 排放浓度（标准状况）	mg/m^3	≤200
性能参数		脱硫效率	%	≥95
		脱硫塔使用寿命	年	>20

　　脱硫反应后的 $NaSO_3$、$NaHSO_3$ 溶液从脱硫塔水封口处重力自流排出塔外，经水沟与电石渣浆液一并进入反应池，在池内完成 NaOH 的再生，并析出 $CaSO_3$。在曝气作用下，$CaSO_3$ 被氧化成 $CaSO_4$，从液相中进一步分离。反应后的溶液在池内进行沉淀，含 NaOH 的上清液溢流进入清液池，并在清液转移泵的作用下，被送至塔内的喷淋装置，完成一次循环。PLC 控制系统根据循环清液的 pH 值，自动向清液池内补充 NaOH 溶液。反应池底的 $CaSO_4$ 渣浆由浆液泵输送至板框式压滤机进行脱水，滤液自流进入清液池，脱水后的石膏渣抛弃处理。脱硫泵房内水泵等设备规格及数量明细如表 3-9 所示。

表 3-9　脱硫泵房内水泵等设备规格及数量明细

名称	规格	数量/台	备注
清液转移泵	$Q=200m^3/h, H=15m$	2	1用1备
清液补充泵	$Q=200m^3/h, H=15m$	2	1用1备
循环泵	$Q=250m^3/h, H=45m$	3	2用1备
渣浆泵	$Q=8m^3/h, H=18m$	2	1用1备
工艺水泵	$Q=15m^3/h, H=35m$	2	1用1备
氧化风机	$Q=26.94m^3/min, P=39.2kPa$	2	1用1备

3.2.4.4　无组织排放源

该项目无组织排放由燃煤在装卸、贮存和使用过程中产生，主要污染物是颗粒物。无组织排放的颗粒物执行《大气污染物综合排放标准》中的二级标准。改进措施为：改进给煤装置，将斗式提升机更换为传送皮带，可增大物料传送量，减少无组织排放。

3.2.4.5　实习重点与难点

（1）实习重点

① 低压脉冲带式除尘器的除尘原理、实际运行与设备维护。

② 氢氧化钠脱硫法的脱硫原理、附属设备与设施的运行与管理。

（2）实习难点

① 低压脉冲带式除尘器的选型、运行参数调控，以及与之配套的工程设施构造；

② 湿式脱硫法处理工艺的选择，相关处理设备、设施的运行与维护。

3.2.5　水泥厂大气污染控制工程实习

3.2.5.1　水泥厂简介

某水泥厂以粉磨法生产水泥，主要接收水泥熟料，粉磨加工后形成水泥成品，其中袋装水泥占 30%，散装水泥占 70%。该厂主要完成水泥熟料至水泥成品的制作过程，主要工艺包括熟料卸车及输送，石膏、混合材破碎、储存及输送，熟料储存及配料，石膏、混合材储存及配料，粉煤灰储存及输送，水泥粉磨等部分，粉磨站工艺流程如图 3-10 所示。

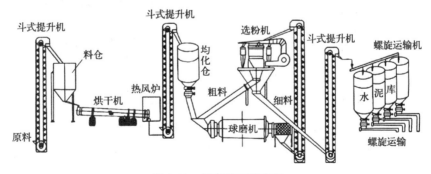

图 3-10　粉磨站工艺流程

生产工艺流程及产污环节如图 3-11 所示。水泥生产过程中，多个环节都会产生大气污染物，其中最主要的大气污染源为水泥粉磨生产环节产生的大量粉尘，主要有原料粉尘、水泥粉尘等，原料进入水泥磨皮带头轮时会产生粉尘，水泥磨、辊压机工作时会产生粉尘，成品斜槽处也有大量粉尘。为了控制粉尘的排放，在水泥粉磨过程的扬尘点处各设置了一台袋式收尘器。表 3-10 为水泥粉磨过程中主要产尘设备及其排放粉尘特性，表 3-11 为水泥粉磨站主要产尘设备的排出气体量，表 3-12 为每吨水泥产品粉磨过程中废气最大排放量。

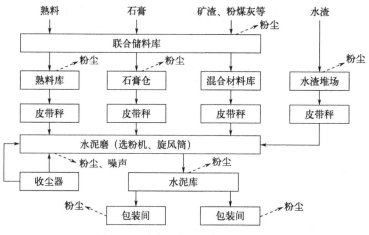

图 3-11　生产工艺流程及产污环节

表 3-10　水泥粉磨过程中主要产尘设备及其排放粉尘特性

设备名称		粉尘浓度/(g/m³)	气体温度/℃	含水率/%	露点/℃	不同粒径粉尘占比/%	
						<2μm	<8μm
选粉机	高效选粉机	800~1200	70~100				
	静态选粉机	20~120	90~120			50	100
水泥磨	球磨机	300~500	60~90	8~15	45	50	95
包装机		20~30					

表 3-11　水泥粉磨站主要产尘设备的排出气体量

设备名称		排风量/(m³/h)	备注
选粉机	高效选粉机	$(900\sim1500)G$	G 为磨机产量，单位为 t/(台·h)
水泥磨	球磨机	$(2000\sim3000)G$	G 为磨机产量，单位为 t/(台·h)
	辊压机	$(100\sim200)G$	
包装机		$300G$	G 为包装机台时产量，单位为 t/(台·h)
提升设备	空气斜槽	$Q=0.18BL$	B 为斜槽宽度，单位为 mm L 为斜槽长度，单位为 m
	斗式提升机	$Q=1800vs$	v 为料斗运行速度，单位为 m/s s 为机壳截面积，单位为 m²
输送设备	皮带输送机	$Q=700B(v+h)$	B 为胶带宽度，单位为 m v 为胶带速度，单位为 m/s h 为物料落差，单位为 m

表 3-12　每吨水泥产品粉磨过程中废气最大排放量

处理物料	过程	物料质量/t	单位物料排放废气最大量/(m³/t)	废气量/m³
熟料	冷却	0.84	2500	2100
混合材料	烘干	0.12	3000	360
石膏	破碎	0.04	350	14
水泥	粉磨	1	1200	1200
	包装	1	300	300
其他	均化	12.6	50	630
	转运	20	50	1000
合计				5604

3.2.5.2 有组织排放

该粉磨站粉尘有组织排放总量为 8.755t/a，有组织排放污染物执行《水泥工业大气污染物排放标准》（GB 4915—2013）的规定标准及排放限值详见表 3-12 和表 3-13。粉尘有组织排放主要排放点如下：

表 3-13   GB 4915—2013 对粉磨站厂区的相应指标及规定

作业场所	水泥制品厂
颗粒物无组织排放监控点	厂界处 20m
浓度限制/(mg/m³)	1.0
生成过程	水泥制品
设备	水泥仓及其他通风生产设备
颗粒物排放浓度/(mg/m³)	20
排气筒范围	生产设备排气筒、车间排气筒
排气筒高度	≥15m
其他	应高于本体建筑物 3m 以上

① 石膏破碎及输送系统：选用 1 台 LPF4/8/5 型气箱脉冲袋收尘器对车间的各扬尘点集中收尘。

② 熟料库：入口处原使用袋式除尘器进行除尘，效果不够理想，后改用喷雾湿式除尘器强化除尘效果。

③ 水泥配料站：选用 2 台 LPF4/8/3 型气箱脉冲袋收尘器处理配料仓的粉尘。

④ 水泥磨：选用 1 台 FGM96-6 型和 1 台 LPF8/16/2×8 型气箱脉冲袋收尘器对水泥成品处的粉尘进行收集。同时，在物料进入水泥磨的传送皮带处、出磨成品运输槽处各设 1 除尘器，对运输产生的扬尘进行收集。

⑤ 水泥库：库顶设置 1 台 LPF4/8/4 型气箱脉冲袋收尘器对库内粉尘进行集中收尘，库底选用 1 台 LPF4/8/6 型脉冲袋收尘器处理卸料点粉尘。

⑥ 水泥散装库：库顶设置 1 台 LPF4/8/4 型脉冲单机袋收尘器对库内及库底粉尘进行集中收尘。

⑦ 包装及成品库：选用 1 台 LPF8/8/6 型气箱脉冲袋收尘器，对包装车间的粉尘集中进行处理。

粉尘有组织排放的控制措施为除尘器收集处理，除尘器设置地点及规格型号见表 3-14。

表 3-14   粉磨站除尘器设置地点及规格型号

序号	地点	排气筒高度/m	除尘方式	除尘器型号	除尘器数/台
1	石膏库下	20	袋式收尘	LPF4/8/5	1
2	联合料仓仓顶	30	袋式收尘	LPF4/8/4	4
3	混合材称重配料仓处	20	袋式收尘	LPF4/8/3	1
4	熟料库进口处	60	喷雾除尘	自改造	1
5	熟料库称重仓处	30	袋式收尘	LPF4/8/3	1
6	入水泥磨皮带头轮处	35	袋式收尘	LPF4/8/3	1
7	水泥磨袋收尘处	40	袋式收尘	FGM96-6	1
8	辊压机袋收尘处	40	袋式收尘	LPF8/16/2	1

序号	地点	排气筒高度/m	除尘方式	除尘器型号	除尘器数/台
9	成品斜槽处	30	袋式收尘	LPF4/8/4	1
10	入水泥库斗式提升机处	30	袋式收尘	LPF4/8/6	2
11	水泥库库顶	40	袋式收尘	LPF4/8/4	2
12	散装水泥库	30	袋式收尘	LPF4/8/4	2
13	成品汽散集尘处	30	袋式收尘	LPF4/8/4	4
14	包装间大布袋处	20	袋式收尘	LPF8/8/6	1

3.2.5.3 无组织排放

该厂无组织排放执行源主要有：

① 物料装卸、堆放、转运、配料及道路二次扬尘；

② 原料破碎、上料、装卸过程中产生的扬尘；

③ 喂料机落料点及散装机、烘干机收集罩的逃逸粉尘等。

经估算，物料装卸过程中产生的粉尘量约为 0.51t/a，运输工序粉尘无组织排放量约为 26.7t/a，烘干机、粉磨机等粉尘无组织排放量约为 0.3t/a，配料仓、物料仓等无组织排放量为 1.35t/a。该厂总粉尘无组织排量为 31t/a。

采取的治理措施主要是：

① 对于熟料、石膏、矿渣等固体物料堆放等采用密闭储存棚；

② 对于粒度比较细的粉煤灰、烘干后的矿渣粉、成品水泥等物料采用密闭物料仓，仓顶设无动力除尘器；

③ 物料输送过程中尽量降低物料落差，中转和提升环节设置除尘设施；

④ 烘干、散装等环节设置负压吸尘罩，除尘器治理后将无组织转化为有组织排放；

⑤ 对于硬化场内道路，专人定时清扫，降水降尘。

水泥粉磨站厂内粉尘综合排污情况见表3-15。

表3-15　水泥粉磨站厂内粉尘综合排污情况

序号	项目	具体信息
1	排放方式	含尘气体经收尘净化后排入大气
2	排放口数量	4 个
3	排放浓度	<20mg/m³
4	超标情况	无
5	核定排放总量	42.795t/a
6	排放口分布情况	水泥磨收尘器 水泥磨辊压机收尘器 水泥磨包装收尘 I 水泥磨包装收尘 II

3.2.5.4 实习重点与难点

(1) 实习重点

① 有组织排放粉尘的管理、收尘方式、设备与设施。

② 无组织排放粉尘的控制措施、运行与管理。

（2）实习难点

① 有组织排放粉尘的处理设备选型与工程设施构造。

② 无组织排放粉尘的处理工艺选择，相关处理设备、设施的运行与维护。

3.2.6 热电厂大气污染控制工程实习

3.2.6.1 热电厂简介

某电厂规划建设规模 $4 \times 350MW$ 级热电机组，一期工程计划建设 2 台机组，年供热量 $8.538 \times 10^6 GJ$，供暖面积约 $1.123 \times 10^7 m^2$。该热电厂采用火力发电，原煤经皮带输送到煤斗后，由给煤机送入磨煤机，鼓入干燥的一次风输送煤粉进入炉膛中燃烧。燃烧释放的热量加热冷水，热气推动汽轮机做功获得电能，冷却的水继续循环使用。

该电厂主要污染物排放情况和整体废弃物控制技术如表 3-16 和表 3-17 所示。热电厂主要大气污染控制技术见图 3-12，锅炉烟气经脱硝、除尘、脱硫后经烟囱排到空气中。脱硫工艺采用石灰石-石膏湿法烟气脱硫工艺，其中包含工艺水及除雾器冲水系统、吸收塔浆池系统、石膏二级脱水系统、石灰石供浆系统以及烟气系统（图 3-12）。在控制室实时监控出入口二氧化硫浓度并记录。超低排放改造主要进行类似吸收塔加高、烟道改造等，使脱硫工艺过程处理能力增加、排放量降低。

表 3-16   2×350MW 机组污染物排放情况

序号	污染物	两台机组平均排放浓度/(mg/m³)	两台机组排放量/(t/a)
1	SO_2	91	1837
2	NO_x	140	2826.4
3	烟尘	25	504.7

表 3-17   电厂整体废弃物控制技术

项目			概要
主体工程	锅炉		一次中间加热、自然循环气泡锅炉
	汽轮机		一次中间加热
	发电机		2×350MV
烟气处理设备	除尘装置	种类	布袋除尘器
		效率	99.8%
	SO_2 控制措施	种类	石灰石-石膏湿法烟气脱硫工艺
		过程	以石灰石浆液作为脱硫剂
		效率	90%
	NO_x 控制	方式	低氮燃烧技术+SCR 脱销系统，脱硝效率为 60%
		效果	处理后氮氧化物含量小于 160mg/m³（标准状况）
冷却方式			采用二次循环冷却系统
脱硫石膏	处理方式		对石膏进行综合利用

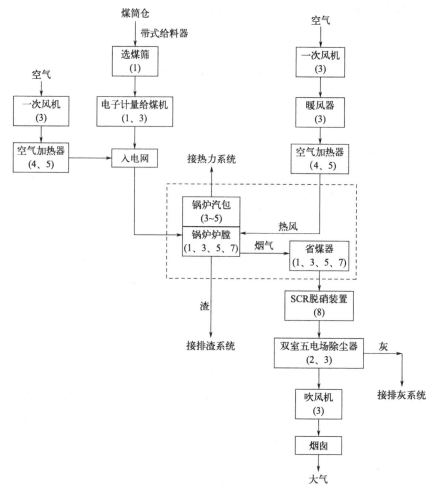

图 3-12　热电厂主要大气污染控制技术

1—煤尘；2—其他粉尘；3—噪声；4—高温；5—辐射热；6—全身振动；

7——氧化碳、二氧化碳、二氧化硫、一氧化氮、二氧化氮；8 —氨

3.2.6.2　除尘系统

目前，除尘器实测出口烟尘浓度 26.45mg/m³，改造目标是出口排放浓度小于 20mg/m³。结合现有设备条件，为满足除尘器出口排放目标，将除尘器滤袋滤料聚苯硫醚（PPS）材质改为 ［30％PPS＋50％聚四氟乙烯（PTFE）＋20％PPS 超细纤维］混纺＋PTFE 基布，可以大大提高滤袋对粒径 10μm 以下的细微颗粒物的捕集效率，使除尘器效率提高到 99.955％，粉尘出口排放浓度降至 18.99mg/m³。

改造拆除的原滤袋材质为 PPS，滤袋规格为 Φ160×8000，滤袋数量为 2×10080 条（两台炉），改换滤袋材质为（30％PPS＋50％PTFE＋20％PPS 超细纤维）混纺＋PTFE 基布，滤袋规格为 Φ160×8000，滤袋克重按照大于 650g/m³ 设计，滤袋数量 2×10080 条（两台炉），袋笼不进行现场更换（图 3-13）。

3.2.6.3　脱硫系统

原有脱硫配置为一炉一塔，吸收塔设计浆池有效容积为 1420m³，浆池区域直径为 13m，浆池高度为 11.7m，吸收区直径为 13m，吸收塔烟道出口标高为 30.35m，吸收塔空

图 3-13　滤袋和袋笼

塔流速为 3.76m/s。锅炉脱硫塔如图 3-14 所示。脱硫改造后，采用同时脱硫除尘单塔一体化技术方案。该技术的化学反应原理与传统的石灰石-石膏湿法脱硫技术相同，主要特点如下：

① 设置气流均布装置加速气液固三相传质，提升脱硫除尘效率，同时实现烟气快速降温和流场均化；

② 设置高效喷淋装置强化二次脱硫除尘；

③ 设置高效除雾装置，利用高速离心力加速尘粒与雾滴间的碰撞，壁面的液膜层可深度脱除液体；

④ 分离器间设置导流环进一步提升气流的离心速度，并对气流分布状态进行调控以防止液滴夹带。

在塔内烟气进口干湿界面处采用 C276（2mm）合金贴衬工艺，并安装一级旋流雾化系统，烟气进口处上方与 1 层喷淋层下方之间安装一级旋流雾化系统（进口烟道的旋流雾化系统与 1 层喷淋层下方的旋流雾化系统共用一台旋流雾化泵，形成一级旋流雾化系统），2 层喷淋层与 3 层喷淋层之间安装二级旋流雾化系统。同时，拆除原二级板式除雾器，加装 1 套高效除尘除雾装置。由于吸收塔原除雾器与喷淋层距离不足 3m，塔体喷淋上方塔体需加高 3.4m，塔壁局部重新做防腐，塔壁需考虑加固措施。脱硫系统改造完成后，

图 3-14　锅炉脱硫塔

预计脱硫效率为 98.7%，出口气体中 SO_2 浓度约为 32.39mg/L。锅炉脱硫塔如图 3-14 所示。

3.2.6.4　脱硝系统

脱硝工艺采用双尺度低氮燃烧技术，即通过合理布置炉膛空间尺度和煤粉燃烧过程尺度，达到防渣、燃尽、低 NO_x 的目的。与之前的 SCR 脱硝技术相比，NO_x 入口质量浓度从 500mg/m³ 降至 260mg/m³、NO_x 总量下降 48%。出口烟气 NO_x 质量浓度降低至 78mg/m³（按 SCR 脱硝率 70% 计算），大幅度降低了 NO_x 排放对环境造成的污染。

为了满足国家的环保要求，热电厂进行进一步提标改造，最新的脱硝系统增容改造仍选用板式催化剂和液氨还原剂。脱硝提效改造更换三层催化剂后，在锅炉全负荷范围内，总体

目标是脱硝效率不低于 87.5%，即在原烟气入口 NO_x 设计浓度为 $400mg/m^3$（标准状况、干基、6% O_2）的情况下，净烟气 NO_x 浓度全负荷状态下均不超过 $50mg/m^3$（标准状况、干基、6% O_2），且控制 SCR 装置出口氨的逃逸浓度低于 3mg/L。

3.2.6.5 实习重点与难点

（1）实习重点

① 脱硝工艺的选择、改造及附属处理设备与设施。

② 除尘装置的操作工况与控制系统。

③ 脱硫工艺的选择、操作及管控。

（2）实习难点

① 脱硝工艺的选择、管控与升级及相关处理设备选型与工程设施构造。

② 脱硝、除尘、脱硫这一典型锅炉烟气净化系统设备选择、管控与升级。

3.3 固体废物处理与处置工程实习

3.3.1 实习目的

① 掌握生活垃圾卫生填埋、焚烧发电两种处理技术的工艺原理与污染防控措施。

② 掌握固体废物处理与处置工艺关键参数选取和设计方法，提升设备选型及工艺维护管理的专业技能。

③ 加深对固体废物处理与处置理论知识的理解，提高应用专业知识解决固体废物处理与处置相关实际工程问题的能力。

④ 通过与工程师、项目施工和技术研发人员讨论交流，培养独立思考、自主学习的意识，提高组织规划、团队协作的专业能力。

3.3.2 实习内容

（1）生活垃圾填埋场实习

① 生活垃圾卫生填埋作业的操作流程；

② 渗滤液的水质特征与处理工艺；

③ 填埋气体收集处理方法与臭气控制措施；

④ 生活垃圾卫生填埋场的运行管理规程。

（2）生活垃圾焚烧发电厂实习

① 生活垃圾焚烧发电的工艺流程；

② 焚烧处理系统的操作工况与控制系统；

③ 生活垃圾焚烧的烟气净化与灰渣处理技术；

④ 垃圾焚烧的热能利用系统。

3.3.3 实习准备与考核

3.3.3.1 实习要求

① 预习生活垃圾卫生填埋、焚烧处理的基本原理、工艺流程、二次污染防控技术。

② 实习过程严格遵守实习单位提出的安全须知和各项要求。

③ 认真听取讲解员介绍的内容，积极与技术人员交流讨论，从整体上把握垃圾填埋场的设计规划与运行管理、生活垃圾焚烧发电的焚烧系统的设计与运行控制。

④ 通过拍照、笔记形式做好实习记录。

⑤ 小组配合完成实习海报、专题讲演与小组报告，每个人在小组内分工明确，共同完成实习任务。

3.3.3.2　分组与选题

固体废物处理与处置工程实习设置 6 个专题：卫生填埋工艺、渗滤液处理系统、填埋气体处理、生活垃圾焚烧工艺、烟气净化系统与热能回收、灰渣处理。全部学生自由组合分组，每组 3～5 人，抽签决定各小组的专题内容。根据选定的专题内容，以小组为单位，制作实习海报、进行讲演展示。

3.3.3.3　实习成果形式

实习成果形式包括实习日志、实习报告和实习海报。

（1）实习日志

实习日志包括时间、地点、实习内容、收获与心得，200 字左右。

（2）实习报告

实习报告包括封面，目录，报告内容。实习报告中要求包含本次实习的核心内容，详细介绍相关原理、工厂或项目的情况、厂区平面图、工艺流程图、主要设备及功能、污染防控措施、运行管理，进行思考总结。具体格式参见附录1。

（3）实习海报

以小组为单位，制作本小组实习内容的专题海报 1 张，尺寸 50cm×70cm。

3.3.3.4　考核评价标准

平时成绩 20％，实习报告 40％，讲演展示 30％，实习海报 10％。讲演展示成绩分为两个部分，小组分数和个人分数各占 50％。其中，小组分数由实习指导教师和其他小组匿名评审得出，个人分数根据小组内部的个人贡献内部评定，具体见表 3-18。固体废物处理与处置工程实习成绩 ＝ 平时成绩 ×20％ ＋ 实习报告 ×40％ ＋ 讲演展示 ×30％ ＋ 实习海报 ×10％。

表 3-18　固体废物处理与处置工程实习评分表

类别	比例	评分标准
平时成绩	20％	指导教师评定。出勤情况、安全事项、交流讨论、自主学习
实习报告	40％	指导教师评定。条理清晰、内容详实、格式规范、用语专业
讲演展示	30％	小组分数(50％)，指导教师和其他小组匿名评审。内容准确、关键要点讲述详尽；PPT 美观；口头表达思路清晰、语言流畅；仪表端庄、自信大方
		个人分数(50％)，小组内部评定。根据个人贡献，小组成员之间协商互评
实习海报	10％	海报张贴在教学楼内一周，随机挑选一定数量对此感兴趣的同学作为评委，给出综合分数。
总分		100

注：各个部分评分时为百分制，建议给出具有区分度的成绩。

3.3.4 生活垃圾填埋场实习

3.3.4.1 填埋场简介

某垃圾填埋场位于城市东部郊区，距城区 17.5km，处于城市某镇西南 5km 某村的一处天然沟壑，处于市区主导风向的下风向。该填埋场 2010 年 10 月投入运行，总占地面积 $6.025\times10^5 m^2$，总库容 $1.541\times10^7 m^3$，设计生活垃圾处理能力为 2600t/d，目前日处理生活垃圾 2300t 左右，属于一级生活垃圾卫生填埋场。

3.3.4.2 垃圾填埋工艺及附属工程

（1）卫生填埋工艺流程

生活垃圾运输至填埋场后，需进行自动称重检查，再在指定的填埋区域卸车。垃圾填埋场工艺流程如图 3-15 所示。填埋时，采用土覆盖和膜覆盖相结合的方式，分单元、分层作业。首先，将垃圾摊铺 1m 厚并压实；然后，覆盖厚度为 0.2m 的土层，用压实机压实；再采用聚乙烯防渗膜对覆土实施覆盖。当填埋全部完成后，封顶覆土 0.5m，再覆盖 0.2m 耕植土、绿化、封场监测。填埋体底部设有防渗层，通过渗滤液收集管路收集渗滤液，输送至厂区内渗滤液处理系统。填埋气通过气体收集管路收集，进一步处理或再利用。

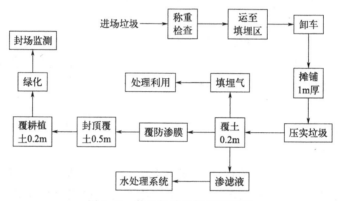

图 3-15　某垃圾填埋场工艺流程

（2）填埋气体的收集处理

生活垃圾在生物分解过程中产生大量气体，主要包括甲烷、二氧化碳，以及少量氮气、氧气、碳氢化合物、水分和其他微量化合物等。填埋气体的产生可延续 10～40 年。该垃圾填埋场产生的填埋气体主要成分如表 3-19 所示。值得注意的是，甲烷产生率高达 1.2～7.5L/(kg·a)，而甲烷的爆炸极限浓度是 5%～15%。可见，填埋气体具有引起填埋场火灾事故的潜在风险。该垃圾填埋场将填埋气体收集后，通过火炬燃烧处理。

表 3-19　垃圾填埋场产生的填埋气体主要成分

成分	体积分数/%	成分	体积分数/%
甲烷	45～60	氢气	0.1～1.0
二氧化碳	40～60	氢气	0～0.2
氮气	2～5	一氧化碳	0～0.2
氧气	0.1～10	微量化合物气体	0.01～0.6
二氧化硫	0～1.0		

填埋气体的理想化利用路线是用于发电,对于小型填埋场(总容量<$1 \times 10^6 m^3$),可自然放散,CH_4<40%可通过燃烧减排。填埋气体先通过气体收集井收集,再经气体收集管汇总,根据填埋场的气体产生能力最后通过燃烧处理或进行能量回收(图3-16)。填埋气体出口通过管路与烟囱相连,配有温度传感器、压力传感器、安全保护系统,火焰熄灭自动阀关闭,以阻止未燃烧的气体逸出。填埋气体初始热值仅为天然气的1/2,需经过脱水、净化后增加热值,再用于驱动燃气引擎、涡轮发电机产生电能。填埋场安装了填埋气燃烧系统,实现了填埋气集中收集并用火炬燃烧,使气体排放指标达到国家标准《生活垃圾填埋场污染控制标准(GB 16889—2024)》。

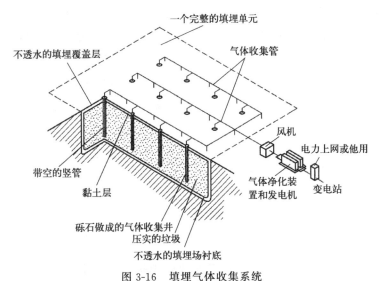

图 3-16　填埋气体收集系统

填埋场铺设高密度聚乙烯膜,采取喷雾除臭措施来进行气味控制,如图3-17所示。一方面,通过聚乙烯膜覆盖控制生活垃圾暴露面积,有效抑制垃圾的气味释放;另一方面,通过高压雾化除味喷雾墙、可移动风炮喷雾设备、塔式风送喷雾机等多种方法强化除味。该填埋场通过以上多种措施联合使用,形成了系统全面的气体治理体系,实现了垃圾填埋场气味污染物的有效控制。

图 3-17　填埋场铺设高密度聚乙烯膜,采取喷雾除臭措施

(3)渗滤液的组成与处理工艺

每吨填埋处理的生活垃圾产生的渗滤液高达500~800L,其主要来源包括降雨入渗、地表径流汇入、地下水入侵、填埋垃圾自身含水、生物降解生成水(图3-18)。垃圾自身含水是渗滤液的主要来源,其对渗滤液产量的贡献率为52%~82%。该填埋场的填埋垃圾中厨

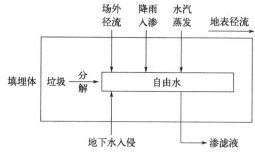

图 3-18　垃圾填埋场的渗滤液产生过程

余垃圾比例高达 60%，其含水率＞50%，是垃圾渗滤液的主要来源。

垃圾渗滤液为黑褐色，色度 2000～4000，具有很浓的腐臭气味。其中，污染物种类繁多，成分复杂，含有近百种有机物、10 余种金属离子，氨氮含量高，营养比例失调，生物处理困难。含量较多有机物包括烃类、酸酯、醇酚、酮醛、酰胺等，还含有较高的 Cu、Zn、Cd、Pb、Cr、Ni、Mn、As 等重金属。垃圾渗滤液的组成随着填埋时间延长发生明显变化，有机物、SS 呈降低趋势，但浓度依然较高，氨氮、pH 呈增加趋势。典型填埋场调节池不同年限渗滤液水质见表 3-20。

表 3-20　典型填埋场调节池不同年限渗滤液水质

项目	填埋初期 （≤5 年）	填埋中后期 （>5 年）	封场后	排放限值
COD/(mg/L)	6000～30000	2000～10000	1000～5000	100
BOD_5/(mg/L)	2000～20000	1000～4000	300～2000	30
NH_4^+-N/(mg/L)	600～300	800～4000	1000～4000	25
TP/(mg/L)	10～50	10～50	10～50	3
SS/(mg/L)	500～4000	500～1500	200～1000	30

填埋场主要污染物为 COD 和氨氮，渗滤液处理执行《生活垃圾填埋场污染控制标准（GB 16889—2024）》中水污染排放限值。处理后达标水经过外排水管线排放至某城市二级污水处理厂，渗滤液总量不超过污水处理量的 0.5%，不影响该厂的污水处理效果。

填埋场渗滤液通过由库底盲沟（管）组成的管网收集渗滤液，通过管网干管，由收集井或管道泵排出渗滤液至渗滤液处理系统的调节池，渗滤液集液井见图 3-19。渗滤液收集管分为两种类型，一种是渗滤液收集管穿过填埋场的一边［图 3-19(a)］，另一种是坐落在填埋场中倾斜的渗滤液收集管和泵［图 3-19(b)］。渗滤液收集管为高密度聚乙烯（HDPE）材质，从上到下依次是土壤保护层、土工布过滤织物、排水砂层、渗滤液收集管、土工膜垫层、黏土垫层。黏土砂砾含量<5%（质量分数），压实度达到 95%。合成膜由生产商提供，现场施工，监理单位对每条连接缝进行质检。推土机、压实机等填埋作业机械不得在距合成膜衬垫 2m 以内的范围作业，库区背坡的衬垫外应堆铺 1m 以上厚度的黏土保护层。填埋的地基首先需消除浮土，做好回填平整、排水固基之后强夯压实，强化地基的承载力。地基上面做防渗衬垫，防渗主材为黏土（$K<1×10^{-7}$cm/s）、合成膜（$K<1×10^{-11}$cm/s），副材为黏土、钠基膨润土垫。防渗构造可以采用单层（黏土 2m）、双层（双合成膜 $2×1.5$mm 中夹排水层＋黏土 1m）、复合（合成膜 1.5mm＋黏土 1m；合成膜 1.5mm＋钠基膨润土垫 8mm）。

渗滤液处理适宜采用"预处理→主处理→深度处理"组合工艺。核心处理单元选用生物处理法，如膜生物反应器（MBR），深度处理可选择膜处理工艺、机械蒸发再压缩（MVR）技术。该填埋场正在运行的有 4 套渗滤液处理设施，总设计处理能力 2840t/d。2011 年建设运行了 300t/d 的 MBR 处理系统、2012 年建设运行了 340t/d 的 MBR 处理系统、2018 年安

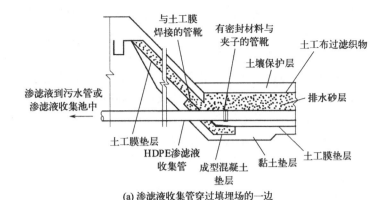

(a) 渗滤液收集管穿过填埋场的一边

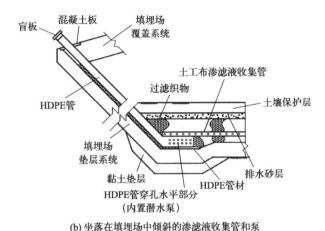

(b) 坐落在填埋场中倾斜的渗滤液收集管和泵

图 3-19　填埋场渗滤液集液井

装了 1400t/d 的 MVR 处理系统，2019 年新建了 800t/d 的 MBR 处理系统。目前 4 套设备运行良好，能够满足渗滤液排放标准。

　　生活垃圾渗滤液处理工艺流程见图 3-20(a)。渗滤液经渗滤液收集系统收集后进入调节池，调节池一般为 2 个或分格设置，加盖并配有甲烷监测设备，根据水分平衡计算渗滤液产生量，减去处理量得出渗滤液剩余量，累计一年的未处理的渗滤液体积即调节池容量。调节池容量计算时要考虑防洪要求，日降水量取 50 年内各月的最大值。预处理是通过去除漂浮物、悬浮物、调节 pH 来减轻渗滤液的腐化程度，一般包括固液分离、气浮、吹脱、吸附、沉淀、混凝等。预处理后的渗滤液通过生物法进行处理，再利用膜技术进行深度处理。混凝沉淀、生物处理单元产生的污泥可以与市政污水处理厂的污泥共同处理。渗滤液处理设施中产生臭气的处理构筑物采取密闭、局部隔离及负压抽吸等措施防止臭气外溢，建筑物内采用负压抽吸、通风为主。臭气收集管道选择抗腐蚀的材料，然后通过化学吸收、生物、吸附、紫外线、等离子、植物液喷淋等多种方式除臭。

　　生活垃圾渗滤液处理的 MBR 工艺见图 3-20(b)。MBR 系统的组成包括：预过滤器、生物反应器、膜组件、曝气等主体单元，以及风机、水泵、仪表、膜组件清洗装置等配套设施。MBR 系统分为两种，外置式和内置式，前者适合管式超滤膜，后者适合中空纤维微滤或超滤膜。MBR 系统进水 COD≤20000mg/L、BOD_5/COD≥0.3、氨氮浓度≤3500mg/L、BOD_5/氨氮浓度≥5。超滤膜的膜通量 60～70L/(m^2·h)，超滤膜透水率下降后可通过物理或化学法进行清洗恢复通量。物理法清洗较为常用，等压清洗可去除表面大量松软的杂质，关闭超滤水，打开浓水，利用大流速冲洗膜表面；高纯水清洗，水纯度增加，溶解能力增强，先冲洗去除松散杂质，再用纯水循环清洗；反向清洗，从超滤口进清洗水冲向浓缩口，可去除覆盖在膜面上的杂质，防止超压导致膜损坏；也可选择合适的化学药剂，如酸溶液、碱溶液、氧化剂等作为清洗剂，保证其不与膜材质反应，同时避免二次污染。

生活垃圾渗滤液处理的 MVR 工艺见图 3-20(c)。MVR 可处理渗沥液、浓缩液或二者混合液。蒸发主体工艺工作压力<0.1MPa、控制进料与出料温差 3～5℃、浓缩液量产量低于进水量的 20%、溶解性固体浓度>200000mg/L。蒸发后的固体残渣脱水至含水率≤60%，封装后单独填埋或焚烧处理。

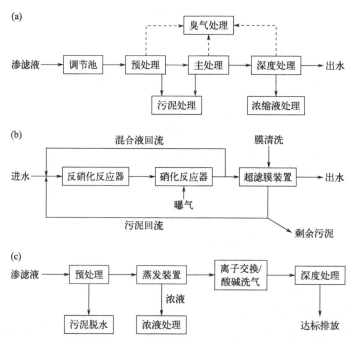

图 3-20　生活垃圾渗滤液处理工艺流程 (a) 与 MBR (b)、MVR (c) 工艺

3.3.4.3　实习重点与难点

（1）实习重点

① 填埋气体、渗滤液导排工艺及附属处理设备与设施。

② 填埋与覆盖作业的注意事项，地基与衬垫的防渗构造。

（2）实习难点

① 填埋气体导排系统、填埋气体处理工艺选择，相关处理设备选型与工程设施构造。

② 渗滤液导排系统、渗滤液处理工艺选择，相关处理设备、设施的运行与维护。

3.3.5　生活垃圾焚烧发电厂实习

3.3.5.1　焚烧发电厂简介

某生活垃圾焚烧发电厂位于城市北部某村，在北环路以北约 1000m 处。该厂东侧紧邻某河堤，西距城市铁路变电所 150m，南距城市某污水处理厂 280m，北侧为农田，总占地面积 $5×10^4m^2$，该厂服务区为城市主城区，每天可以焚烧处理生活垃圾 2350t，被评为 A

级生活垃圾焚烧发电厂。该厂始建于2000年，已完成四期工程，其中一期520t/d，于2004年8月运行；二期1000t/d，于2014年9月运行。2016年统计数据显示，该市收集生活垃圾1.46×10^6t，约4000t/d，向该厂运送生活垃圾量为1950t/d。

3.3.5.2 焚烧发电工艺及附属工程

（1）生活垃圾焚烧发电工艺流程

生活垃圾焚烧处理工艺流程见图3-21，包括预处理、焚烧、热回收、烟气净化四个重要环节。生活垃圾入厂后需要计量称重，预处理去除不可燃烧物，经过储存去除部分水分，进入焚烧炉干燥燃烧，焚烧炉需要掺烧一定比例的辅助燃料、供给空气保证燃烧充分，产生的热量经过热量回收系统发电或供热，烟气冷却净化后达标排放，产生的飞灰属于危险废物，按照危险废物进行固化和稳定化处置，炉渣可进行资源化利用。生活垃圾焚烧处理的减量效果最为显著，在工艺运行中严格控制污染物排放，进行资源化利用，执行《生活垃圾焚烧污染控制标准》（GB 18485—2014）。

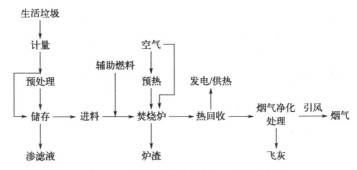

图3-21　生活垃圾焚烧处理工艺流程图

焚烧炉应用较为广泛的是炉排炉，构造见图3-22(a)，炉排将废物移送至炉膛，灰渣通过炉膛，同时起到搅拌作用，废物随着炉排移动一次经过干燥段、燃烧段、燃尽段。炉膛内部分为两个燃烧室，一燃室由炉排下方供给空气（一次空气），为废物燃烧提供O_2，同时防止炉排温度过高，此外预热空气还可为物料干燥和燃烧提供能量；二燃室空气供给量小于一次空气，通过气体扰动促进混合，为未燃尽的可燃气体氧化分解提供氧气。流化床炉构造见图3-22(b)，其仅有一个燃烧室，流化空气经过布气装置进入，废物在炉膛流化燃烧。

该生活垃圾焚烧发电厂采用的炉排-循环流化床复合型焚烧炉由国内某高校设计研发，炉膛下部物料为流化态，上部物料输运并形成物料循环。在特殊的流体动力条件下，粒径为$30 \sim 500 \mu m$的燃料以高速（高于平均粒径终端速度）气流通过炉膛，并且有充足的颗粒返混，保证了炉膛温度的均匀分布。通过增加炉膛高度来保证垃圾焚烧的稳定性和充分性，炉内覆盖大面积绝热层来降低辅助燃料的用量。

该生活垃圾焚烧发电厂配备2台260t/d的炉排-循环流化床复合型焚烧炉和1台6MW的凝汽式汽轮机组，炉排-循环流化床焚烧系统见图3-23。给料器将废物送入炉膛内的炉排干燥，然后气固两相在流化状态下着火、燃烧和燃尽。未完全燃烧的固体颗粒经过炉膛出口处的高温气固分离后被送回炉膛，烟气进入烟道进行后续处理。该焚烧炉的特点是废物在炉排上完成预热、干燥等过程，大大降低了大块垃圾对流态化燃烧的不利影响，可实现垃圾直接进料而无需破碎。该焚烧炉设计参数：额定蒸发量18t/h、蒸汽温度450℃、额定工作压力3.82MPa、给水温度104℃、排污率2%、锅炉设计效率79.27%、排烟温度180℃、炉膛出口烟气温度

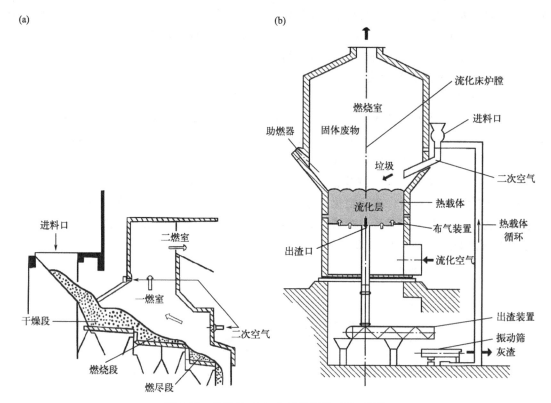

图 3-22　炉排炉 (a) 与流化床炉 (b) 构造

850～900℃、烟气停留时间≥2s、原始垃圾含水率≤55％、垃圾低位热值≥3076kJ/kg、额定蒸发量 18t/h、辅助燃料（煤）≈5％×垃圾重量，远低于国家的 20％的规定。

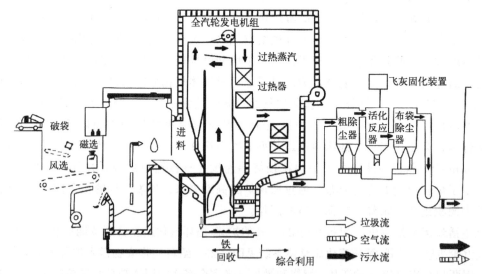

图 3-23　炉排-循环流化床焚烧系统示意图

（2）烟气净化处理技术

焚烧产生的烟气中含有颗粒物、NO_x、SO_x、HCl/HF 等宏量污染物，以及重金属、二噁英等微量污染物，需要经过脱硫、脱硝、除尘等工艺进行处理，烟气处理达标后排放。

目前常用的烟气净化组合工艺有 5 种，如图 3-24 所示。选择性非催化还原法（SNCR）在高温 800～1000℃条件下喷入还原剂（尿素或氨水等），还原剂迅速分解为 NH_3 或 NH_2 和 CO，将 NO_x 还原为 N_2 和 H_2O。选择性催化还原法（SCR）设备复杂、成本高，一般不使用。

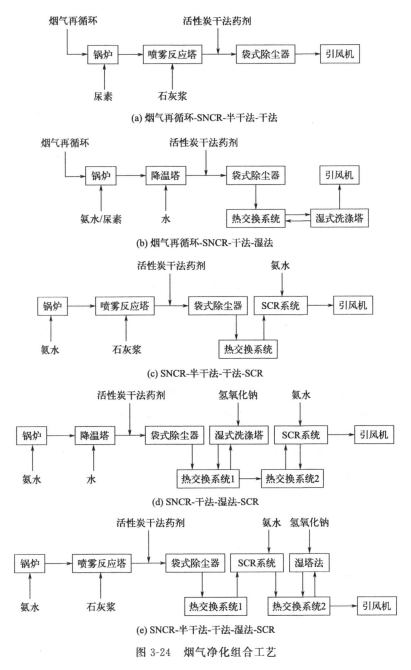

图 3-24　烟气净化组合工艺

该生活垃圾焚烧发电厂烟气净化采用"SNCR 炉内脱硝（尿素）＋半干法（旋转喷雾）脱酸＋活性炭吸附＋袋式除尘器"工艺，经处理后的烟气达到《生活垃圾焚烧污染控制标准》（GB 18485—2014）要求，经高 80m、内径为 2m 的四管集束式烟囱排放。生活垃圾焚烧炉排放烟气中污染物限值见表 3-21。

表 3-21　生活垃圾焚烧炉排放烟气中污染物限值

污染物	取值时间	标准限值
颗粒物	1h 均值	30mg/m³
	24h 均值	20mg/m³
NO_x	1h 均值	300mg/m³
	24h 均值	250mg/m³
SO_2	1h 均值	100mg/m³
	24h 均值	80mg/m³
HCl	1h 均值	60mg/m³
	24h 均值	50mg/m³
汞及其化合物	测定均值	0.05mg/m³
镉、铊及其化合物	测定均值	0.1mg/m³
锑、砷、铅、铬、钴、铜、锰、镍及其化合物	测定均值	1.0mg/m³
二噁英类	测定均值	0.1ng/m³（毒性当量）

（3）渗滤液、灰渣处理

垃圾渗滤液及冲洗废水在厂内渗滤液处理站采用"预处理＋厌氧反应器＋膜生物反应器（MBR）＋纳滤（NF）"工艺处理，达到《污水综合排放标准》（GB 8978—1996）中三级标准后排入某城市二级污水处理厂处理，经处理达到《城镇污水处理厂污染物排放标准》（GB 18918—2002）一级 A 标准后排入某河。渗滤液处理后的浓缩液回喷焚烧炉。此外，锅炉排污水达到《城市污水再生利用 工业用水水质》（GB/T 19923—2024）中循环冷却水系统补充水水质，全部回用。化学水系统排水一级部分冷却塔排污水收集于回用水池，用于烟气净化、固化系统用水、燃料输送系统用水、洒扫道路用水、绿化用水等。多余冷凝塔排污水排放至厂区污水管网。

垃圾焚烧产生的炉渣属于一般固体废物，可通过磁选回收废铁，再经过筛分、风选、破碎组合工艺处理，筛上物的轻飘物分组为未燃尽废物，送回焚烧系统处理，重物进行破碎处理；筛下物经过涡电流分选回收导电金属，剩余的炉渣进行利用，炉渣处理加工工艺见图3-25。该垃圾焚烧厂的炉渣外售，得到全部综合利用，经过处理后可制成铺路用的方砖。飞灰属于危险废物，经厂内飞灰固化车间固化处理后送至某垃圾填埋场分区填埋，执行《危险废物贮存污染控制标准》（GB 18597—2023）。

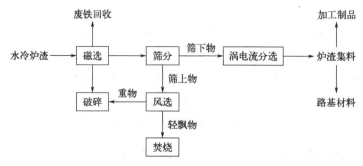

图 3-25　炉渣处理加工工艺

（4）热能利用

垃圾焚烧产生高温（＞800℃）烟气，通过废热锅炉、过热器、省煤器进行热量回收，之后烟气温度<250℃，烟气余热回收系统工艺流程见图 3-26。过热器产生的蒸汽可用于供热、发电、热电联供。热能发电的电机转化率为 80%左右，最终热能的有效利用率>30%。由于垃圾焚烧余热温度波动，需要安装电能稳压装置，目前焚烧发电的上网电价为 0.94 元/kWh，垃圾处理补贴为 30 元/t。热电联供可进一步提高热能利用率至 40%～60%。该生活垃圾焚烧发电厂焚烧锅炉蒸发量为 18t/h，过热蒸汽参数为 450℃、3.82MPa，发电量可满足城市 20万人口的生活用电，此外产生的余热在冬季可为周边 $1.5\times10^6\,m^2$ 的居民供暖。

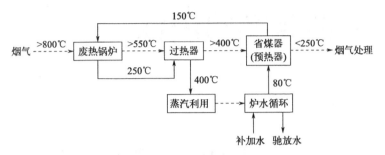

图 3-26　烟气余热回收系统工艺流程

3.3.5.3　实习重点与难点

（1）实习重点

①生活垃圾焚烧工艺、设备构造、运行条件控制。

②焚烧烟气净化工艺、渗滤液与灰渣处理技术、热能利用系统。

（2）实习难点

①焚烧设备选型、炉排-循环焚烧炉内部构造与参数设计。

②焚烧烟气净化技术、热能回收利用、炉渣资源化。

主要参考文献

［1］张杰，曹开朗．城市污水深度处理与水资源可持续利用［J］．中国给水排水，2001，17（3）：20-21.

［2］崔福义，张兵，唐利．曝气生物滤池技术研究与应用进展［J］．环境污染治理技术与设备，2005，10：4-10.

［3］WANG K D, CHEN X L, YAN D K, et al. Petrochemical and municipal wastewater treatment plants activated sludge each own distinct core bacteria driven by their specific incoming wastewater［J］. Science of the Total Environment, 2022, 826: 153962.

［4］HJ 2022—2012 焦化废水治理工程技术规范.

［5］GB 13271—2014 锅炉大气污染物排放标准.

［6］GB 16297—1996 大气污染物综合排放标准.

［7］GB 16889—2024 生活垃圾填埋场污染控制标准.

［8］GB 18485—2014 生活垃圾焚烧污染控制标准.

［9］RENOU S, GIVAUDAN J G, POULAIN S, et al. Landfill leachate treatment: review and opportunity［J］. Journal of Hazardous Materials, 2008, 150: 468-493.

［10］王兆军，于培峰，袁玉武，等．炉排-循环流化床复合垃圾焚烧炉的设计和运行［J］．工业炉，2008，30（4）：19-21.

第4章

综合创新实验训练

4.1 校园环境质量监测

4.1.1 环境监测实训目的

① 环境监测实训是环境工程专业学生重要的实践环节之一，通过实习学生可进一步巩固环境监测理论知识，加强理论联系实际的能力。

② 在运用不同的分析技术进行水环境质量和大气环境质量监测过程中，提高学生的实际动手能力。

③ 通过对测量数据的整理和分析，提高学生分析问题、解决问题的能力；通过分组，在完成实习报告的过程中，锻炼和培养学生的团结合作精神，增强学生的组织性和纪律性。

④ 在对校园水环境质量和大气环境质量监测过程中，使学生了解校园环境质量状况，熟悉环境监测的一般流程，掌握水和大气环境质量监测过程中的布点、采样方法以及样品的预处理和分析检测技术，具备撰写环境质量监测报告的能力。

4.1.2 环境监测实训内容

4.1.2.1 实训流程

实训时间：6天。

实训地点及内容：校园内及周边进行布点、采样，于现场或实验室内完成监测项目的分析测试。

实训时间分配：

第1～3天，水环境质量监测：以玉带河东北师范大学净月校区段为监测对象，第1天完成监测方案制订，确定采样点位置及测试项目，配制测试需要药品、试剂和准备实验室分析相关工作，第2、第3天完成水样的采集和分析测试。

第4～5天，大气环境质量监测：以校园为监测对象，第1天完成监测方案制订及实验室准备工作（如药品配制、测试仪器调试等），第2天完成采样及测试。

第6天，分析整理测试数据，完成实习报告。

4.1.2.2 校区水环境质量监测

（1）校园所在区域环境概况

通过调研，确定周边环境以及校园内对玉带河（校区段）可能产生影响的自然因素与人为因素，如社会环境、水文条件、用水排水情况等。

（2）确定监测项目

根据《地表水环境质量标准》（GB 3838—2002）及《地表水和污水监测技术规范》（HJ/T 91—2002），监测项目分为基本项目和选测项目。玉带河主要补给来源为净月潭水和天然降水，没有特征污染物排入，玉带河校区河段的水质监测项目包括：水温、pH、电导率、浊度、溶解氧、化学需氧量、生物化学需氧量、氨氮、总氮、总磷、六价铬。

（3）监测断面设置及采样点布设

① 监测断面设置基本原则如下：

a. 有大量废水排入河流的主要居民区、工业区的上游和下游；

b. 湖泊、水库、河口的主要入口和出口；

c. 饮用水源区、水资源集中的水域、主要风景游览区、水上娱乐区及重大水力设施所在地等功能区；

d. 较大支流汇合口上游和汇合后与干流充分混合处、入海河流的河口处、受潮汐影响的河段和严重水土流失区；

e. 国际河流出入国境线处；

f. 应尽可能与水文测量断面重合，并要求交通方便、有明显岸边标志。

② 河流监测断面的设置采用三断面法，即对于某一河段，一般设置三种断面，分别为对照断面、控制断面和削减断面。

a. 对照断面。

设置目的：了解水流入某一区域（监测段）前的水质状况，提供这一水系区域本底值。

设置方法：设在监测区域所有污染源上游 100～500m 处，避开各种废污水流入或回流处。

断面数目：一个。

b. 控制断面。

设置目的：监测污染源对水质影响。

设置方法：根据污染源的分布、河水流量和河道水力学特征确定，一般设置在排污口或特定水体功能区下游约 500m 处。对有特殊要求的地区，如水产资源区、风景游览区、自然保护区、与水源有关的地方病发病区、严重水土流失区及地球化学异常区等的河段上也应设置控制断面。

断面数目：多个。

c. 削减断面。

设置目的：了解经稀释扩散和自净后的河流水质情况。

设置方法：最后一个排污口下游 1500m 处。

断面数目：一个。

③ 采样垂线的确定。设置监测断面后，根据水面宽度确定断面上的监测垂线。当水面宽度≤50m 时，只设一条中泓垂线；水面宽度为 50～100m 时，在左右近岸有明显水流处各设一条垂线；水面宽>100m 时，设左中右三条垂线。

④ 确定采样点。在采样垂线上，当水深不足 0.5m 时，在 1/2 水深处设采样点；水深 0.5～5m 时，只在水面下 0.5m 处设一个采样点；水深 5～10m 时，在水面下 0.5m 处和河底以上 0.5m 处各设一个采样点；水深＞10m 时，在水面下 0.5m、1/2 水深处及河底以上 0.5m 处设三个采样点。

（4）采样

盛水容器应由惰性材料制成，抗破裂、方便清洗、密封性和开启性较好，以保证样品免受吸附、蒸发和外来物质的影响。采样时可采用有机玻璃采水器，由桶体、带轴的两个半圆上盖和活动底板等组成。

（5）分析方法

参考《水和废水监测分析方法（第四版）》，选择合适的水质监测分析方法对所选监测项目进行分析测试，如表 4-1 所示。

表 4-1　水质监测分析方法

水质指标	分析方法	检出限	方法来源
温度	温度计法	—	
pH	pH 计	—	PHBJ-261L
溶解氧	碘量法	0.2mg/L	GB 7489—87
化学需氧量	重铬酸钾法	4mg/L	HJ 828—2017
生物化学需氧量	稀释接种法	0.5mg/L	HJ 505—2009
氨氮	纳氏试剂分光光度法	0.025mg/L	HJ 535—2009
总氮	碱性过硫酸钾消解-紫外分光光度法	0.05mg/L	HJ 636—2012
总磷	钼酸铵分光光度法	0.01mg/L	GB 11893—89
六价铬	二苯碳酰二肼分光光度法	0.004mg/L	GB 7467—87

（6）监测结果与评价

依据地表水水域环境功能和保护目标、控制功能高低，将地表水质量依次划分为五类：

Ⅰ类：主要适用于源头水、国家自然保护区；

Ⅱ类：主要适用于集中式生活饮用水地表水源地一级保护区、珍稀水生生物栖息地、鱼虾类产卵场、仔稚幼鱼的索饵场等；

Ⅲ类：主要适用于集中式生活饮用水地表水源地二级保护区、鱼虾类越冬场、洄游通道、水产养殖区等渔业水域及游泳区等；

Ⅳ类：主要适用于一般工业用水区及人体非直接接触的娱乐用水区；

Ⅴ类：主要适用于农业用水区及一般景观要求水域。

通过与《地表水环境质量标准》（表 4-2）限值比较，评价玉带河校园段水质。

表 4-2　《地表水环境质量标准》（GB 3838—2002）

水质指标	Ⅰ	Ⅱ	Ⅲ	Ⅳ	Ⅴ
pH(量纲为 1)			6～9		
溶解氧/(mg/L)	≥7.5	≥6	≥5	≥3	≥2
化学需氧量/(mg/L)	≤15	≤15	≤20	≤30	≤40
生物化学需氧量/(mg/L)	≤3	≤3	≤4	≤6	≤10

水质指标	I	II	III	IV	V
氨氮/(mg/L)	≤0.15	≤0.5	≤1.0	≤1.5	≤2.0
总氮/(mg/L)	≤0.2	≤0.5	≤1.0	≤1.5	≤2.0
总磷/(mg/L)	≤0.02	≤0.1	≤0.2	≤0.3	≤0.4
六价铬/(mg/L)	0.01	0.05	0.05	0.05	0.1

4.1.2.3　校区大气环境质量监测

（1）校园所在区域环境概况

大气污染受气象、季节、地形、地貌等因素的强烈影响，且随时间变化，因此需要对校园及周边存在的各种大气污染源、污染物排放情况及自然与社会环境特征进行调研，如社会环境、地理位置、气象条件、地质地貌等。

（2）确定监测项目、采样时间及采样频次

根据国家环境空气质量标准和校园及周边的大气污染物排放情况，选定监测项目为二氧化硫、氮氧化物、PM_{10}、$PM_{2.5}$。每天在 0：00、6：00、12：00 和 18：00 四个时段采样，每次采样 45min。

（3）布点

根据污染物的种类（如汽车尾气、食堂油烟、实验室废气、生活区粉尘等）及排放量，结合校园各环境功能区的形式及校园所在位置的地形、地貌和气象条件，按功能区布点法或网格布点法进行布点。各监测点具体位置可采用平面图注明。采样应同时记录温度、气压、风向、风速等气象信息。

（4）采样及分析方法

根据监测项目，按照《空气和废气监测分析方法》《环境监测技术规范》和《环境空气质量标准》所规定的采样和分析方法执行，具体如表 4-3 所示。

表 4-3　环境空气监测项目及分析方法

监测项目	采样方法	分析方法	检出限或量程	方法来源
二氧化硫	溶液吸收法	甲醛吸收-副玫瑰苯胺分光光度法	0.007mg/m³（10mL吸收液）/0.004mg/m³（50mL 吸收液）	HJ 482—2009
氮氧化物	溶液吸收法	盐酸萘乙二胺分光光度法	0.12μg/10mL	HJ 479—2009
PM_{10}	真空泵抽气采样 60s	泵吸式腔式激光传感器	0～999μg/m³	YT-HPC3000A 空气净化检测仪
$PM_{2.5}$	真空泵抽气采样 60s	泵吸式腔式激光传感器	0～999μg/m³	YT-HPC3000A 空气净化检测仪

（5）监测结果与评价

根据地区的地理、气候、生态、政治、经济和大气污染程度，可分为两类环境空气质量功能区，对应执行两级标准。

一类区为自然保护区、风景名胜区和其他需要特殊保护的区域；二类区为居民区、商业交通居民混合区、文化区、工业区和农村地区。通过与《环境空气质量标准》中的环境空气污染物浓度限值（表4-4）比较，评价校园环境空气质量。

表 4-4 环境空气污染物浓度限值

污染物项目	平均时间	浓度限值/$(\mu g/m^3)$	
		一级	二级
二氧化硫	24h	50	150
	1h	150	500
氮氧化物	24h	100	100
	1h	250	250
颗粒物(PM_{10})	24h	50	150
颗粒物($PM_{2.5}$)	24h	35	75

4.1.3 实训重点、难点及注意事项

4.1.3.1 实习重点与难点

环境监测实习的重点在于环境质量监测方案的制定及监测分析方法的运用；难点为监测过程中用到多种分析测试方法或技术，需要学生提前掌握并能正确操作，以保证分析结果的准确。

4.1.3.2 注意事项（实习要求）

环境监测实习过程要严格按照标准和规范进行操作，从采样到各项监测指标的测试，均需要认真对待，以确保操作流程规范，测试结果真实可靠，环境质量评价结论正确。

① 根据指导教师工作安排，认真执行工作计划，与同学间团结协作，相互帮助；

② 实习过程主要在校内实习基地完成，要自觉遵守学校及实习基地各项规章制度、实验操作规程以及实验室安全规范，爱护实习基地财物；

③ 户外采样及测试过程中注意人身安全；

④ 实习过程中要勤于观察，认真思考，每天记录好实习内容及数据信息。

4.1.4 考核方法

实习结束后需要提交实习报告，由指导老师签署综合评定意见并给出成绩。实习报告内容至少包括以下几项：①实习者姓名、实习时间、指导教师等；②实习地点自然及人文环境概况；③实习详细内容：布点、采样、测试方法（包括参数）及流程、数据整理、质量评价等；④心得体会及建议。

4.2 校园水体浮游藻类生物监测与评价

4.2.1 实训目的

① 了解利用浮游藻类开展水质生物监测的原理和意义。

② 学习浮游藻类的采样与处理方法。

③ 掌握种类鉴别方法，认识常见种类，学会使用分类检索表。

④ 学习利用指示生物法和物种多样性指数法评价水环境质量。

4.2.2　基本原理

生物及其生存环境是相互依存、相互影响的统一体，环境的任何变化都会影响到其中生存的生物，生物也会对此做出不同的响应。生物监测是指利用生物、种群或群落对环境污染或变化所产生的反应阐明环境污染状况，从生物学角度为环境质量的监测和评价提供依据。因此，生物监测是环境监测的重要内容之一。生物监测方法建立的理论基础是生态系统理论。绝大多数水生生物终生生活在水中，与水环境质量密切相关，水质的变化可能影响水生生物的生理功能、种类丰度、种群密度、群落结构和功能。因此，常用浮游生物、着生生物、底栖动物和一些鱼类评价水质。

浮游植物是自然界水体中最主要的初级生产者，是水生态系统的重要组成部分。淡水浮游植物主要包括蓝藻门、硅藻门、甲藻门、裸藻门、金藻门、隐藻门、绿藻门和黄藻门八个门类。浮游藻类个体小，对环境变化响应十分迅速，其物种组成、生物量、优势种及群落变化可作为衡量水体生态系统状态的重要指标。同时，浮游藻类的代谢活动决定了水质的感官指标及内在理化状况，可为河流、湖库水质评价提供重要参数。通过浮游藻类监测，可以有效地反映水生态系统的健康状况，在水资源利用、水环境管理和水生态保护等领域具有重要意义。但是需要指出的是，如同其他生物监测一样，浮游藻类监测还存在肯定容易否定难、再现性差、定量比较困难等不足。因此，在水质监测中，生物监测与理化监测应相互配合，对水环境质量给出客观的评价。

4.2.3　理论拓展

指示生物法是指在对水体水生生物进行系统调查和鉴定的基础上，根据物种的有无来评价水体的污染程度，是一种经典的生物监测方法。在指示生物法中，最经典的是德国人Kolkwitz（1908）和 Marsson（1909）提出的污水生物系统。他们将有机污染的河流从污染源到河流下游，按其污染程度和自净过程的差异划分成几个互相联系的污染带，每个带都有各自的物理、化学特性和特有的生物。因此，可将实际调查结果与污水生物系统各污染带的生物种类进行比较，进而评价水质状况。在 Kolkwitz 和 Marsson 污水生物系统的基础上，后来的许多研究者做了大量的工作，使系统不断得到修改、完善和补充。有关污水生物系统的详细生物种类名录及其在各污染带的分布可参考黄玉瑶著的《内陆水域污染生态学：原理与应用》。

物种多样性是群落的主要特征，反映群落结构的稳定性。通过多样性指数可以了解群落中不同种类的个体差异、物种的分布格局、群落结构的组成。多样性指数可作为水体营养状态的判定依据。常用的多样性指数包括 Margalef 指数、Whittaker 指数、Shannon-Wiener指数和均匀度指数等。由于各种多样性指数具有各自的优缺点，使用时应根据时间情况选择。

4.2.3.1　Margalef 多样性指数

$$d = \frac{S-1}{\ln N} \tag{4-1}$$

式中，d 为多样性指数；S 为藻类种类数；N 为样品中藻类总个体数。

评价标准为：$d=0$ 为严重污染，$1>d>0$ 为重污染，$2>d>1$ 为中污染，$3>d>2$ 为轻污染，$4>d>3$ 为无污染。

4.2.3.2 Shannon-Wiener 指数

$$H' = -\sum_{i=1}^{S}\left(\frac{N_i}{N}\right)\log_2\left(\frac{N_i}{N}\right) \tag{4-2}$$

式中，H' 为多样性指数；S 为藻类种类数；N 为样品中藻类总个体数；N_i 为样品中 i 种的个体数。

评价标准为：$H'=0$ 表示全部个体均属于一种生物；全部个体各属不同种时，H' 值最大；其中 $H'<1$ 为重污染，$1<H'<3$ 为中污染，$H'>3$ 为无污染。

4.2.4 实验设备和仪器

校园内小河沿子河浮游藻类生物监测与评价实验设备与主要用品见表 4-5。

表 4-5 校园内小河沿子河浮游藻类生物监测与评价实验设备与主要用品

实验仪器设备	主要用品
25 号浮游生物网(网孔直径 64μm)	福尔马林、鲁哥氏液、冰乙酸
1L 采水器	藻类鉴定图谱
电热板	乳胶管或 U 形玻璃管(虹吸管)
光学显微镜(带目测微尺、台测微尺)	吸水纸、擦镜纸、纱布
多参数水质分析仪	样品瓶、洗耳球
塞氏盘(直径 30cm)	载玻片、盖玻片、封片胶
电子显微镜	微量移液器

4.2.5 实训内容与方法

4.2.5.1 实训内容

(1) 浮游藻类采样与样品处理

① 定性样品的采集：用 25 号浮游生物采集网采样，野外现场加固定剂。

② 定量样品的采集：用容量为 1L 的采水器采集，野外现场加固定剂。

③ 定性、定量样品的处理：样品浓缩与保存。

(2) 浮游藻类种类鉴定与计数

① 浮游藻类种类鉴定。

② 浮游藻类丰度定量。

(3) 浮游藻类生物多样性指数法对水质的评价

① 计算 Margalef 多样性指数。

② 计算 Shannon-Wiener 指数。

③ 根据多样性指数计算结果，并结合理化监测指标，对水质进行评价。

4.2.5.2 检测方法

(1) 种类鉴定方法

制片：将浸制标本摇匀，用吸管吸出一小滴置于载玻片中心，盖上盖玻片，制成临时装片，在显微镜下观察。注意样品不宜取太多，以免影响观察。

观察：先用低倍镜找到观察对象，再转到高倍镜下进行形态构造观察。根据浮游藻类的形态学特征，借助浮游藻类分类和鉴定图谱进行种类鉴定，优势种鉴定到种，其他种类至少鉴定到属。

（2）丰度定量方法

采用我国通用的计数框，计数框的面积为20mm×20mm，容量为0.1mL，框内划分横竖各10行格，共100个小方格。

将计数样品充分摇匀后，迅速吸取0.1mL样品至计数框中，盖上盖玻片。计数框内应无气泡，也应无样品溢出。气温高时，为防止在长时间计数过程中水分蒸发而出现气泡，可在盖玻片四周封以液体石蜡。

显微镜的目镜可用10倍，物镜40倍。采用视野计数法，每片约计算50～300个视野。根据样品情况，视野数可按浮游藻类的多少而酌情增减（表4-6）。保证每份样品计数的浮游植物个体总数不低于500个，确保后期统计分析数据可靠、有效。

表 4-6　浮游藻类丰度确定观察的视野数

浮游藻类平均数/（个/视野）	视野数/个	浮游藻类平均数/（个/视野）	视野数/个
3～5	300	10～50	50
6～10	150		

在计数过程中，某些个体一部分在视野中，另一部分在视野外，这时可规定出现在视野上半圈者计数，出现在下半圈者不计数。定量镜检时以细胞数表示为宜，对不宜用细胞数表示的群体或丝状体，可求出其平均细胞数。

4.2.6　数据处理与结果分析

每瓶标本计数两片取平均值，当同一样品的两片计算结果与平均值的差值在±15％以内，结果有效，否则继续测第三片，直至三片平均值与相近两数之差小于15％，以两个相近值的平均值作为结果。1L水样中浮游植物的个数（密度）可用公式（4-3）计算：

$$N = \frac{A}{A_i} \times \frac{V_w}{V} \times n \tag{4-3}$$

式中，N 为每升水浮游藻类的数量，个/L；A 为计数框面积，mm^2；A_i 为计数面积，mm^2，即视野面积×视野数；V_w 为1L水样经浓缩沉淀后的样品体积，mL/L；V 为计数框体积，mL；n 为计数所得浮游藻类的个体数或细胞数。

4.2.6.1　实验数据记录

每个采样点采2～3个平行样。采样与实验记录表参考表4-7和表4-8进行。

表 4-7　浮游藻类采样记录表

采样日期：　　　　　天气：

编号	水体名称	水深/m	水温/℃	透明度/cm	采集方法	保存方法

表 4-8　浮游藻类实验记录表

采样日期：　　　　　记录人：

编号	种属名称	拉丁名	各采样点分布状况			

注：用"－"表示少，"＋"表示一般，"＋＋"表示较多，"＋＋＋"表示很多。

4.2.6.2　实验结果处理要求

结合多功能水质分析的理化监测结果，对监测与评价结果开展充分的讨论，并进一步根据专业书籍和专业文献对结果进行分析，最终形成客观的结论。

4.2.7　考核方法

本实验最终成绩包括答辩（30％）和实验报告（70％）两部分。

4.3　厌氧-缺氧-好氧处理校园生活污水的工艺运行与调控

4.3.1　实训目的

① 采用厌氧-缺氧-好氧（A^2O）实验装置处理校园生活污水，掌握各处理单元的基本原理与操作方法，理解生物脱氮除磷原理。

② 熟练掌握常规水质指标、污泥性质指标的测定方法，了解原生、后生生物的观察方法和指示性作用。

③ 明晰各单元运行调节对活性污泥性质和污水处理效率的影响，熟练运用活性污泥法控制参数、调节工况，理解它们在实际设计运行中的作用与意义。

④ 培养理论联系实际和分析解决问题的能力，能够在原水水质水量波动时做出合理工艺调节，能够建立应对 A^2O 工艺异常情况的解决方案。

⑤ 提高科研素养与创新能力，了解生物脱氮除磷新技术及原理，并能够应用脱氮除磷新理论开展创新性实验研究。

4.3.2　基本原理

厌氧-缺氧-好氧（A^2O）活性污泥法是美国专家在厌氧-好氧（AO）脱氮工艺基础上研发的。该技术设置了前置厌氧生物段进行磷的释放，具有同步脱氮除磷的功能。A^2O 已经有近半个世纪的历史，具有稳定、高效的显著优势，仍然是应用最广泛的污水处理工艺之一。目前，我国有超过1/3的污水处理厂都采用了 A^2O 及其改良工艺。

A^2O 工艺流程如图 4-1 所示。污水经一级处理后进入厌氧池，与回流污泥混合。在兼性厌氧发酵菌的作用下，部分易生物降解的大分子有机物被转化为小分子的挥发性脂肪酸（VFA）。聚磷菌水解体内的三磷酸腺苷（ATP）释放出磷酸盐，产生的能量可供专性好氧的聚磷菌维持生存。然后，污水进入缺氧池，反硝化菌利用污水中的有机物作电子供体、以回流混合液中的硝酸盐/亚硝酸盐为电子受体进行反硝化脱氮，实现了同步去碳脱氮。污水进入好氧池时，不同功能的菌群分别进行有机物降解、硝化和吸磷等反应，此时氮的形态以硝酸盐氮为主，再通过硝化液回流至缺氧池进行反硝化脱除。反应后期，有机物浓度已经较低，聚磷菌主要靠分解体内储存的聚 β-羟基丁酸（PHB）来获得能量供自身生长繁殖，同时过量吸收水中的溶解性磷用于合成 ATP 或聚磷酸盐。富磷污泥经沉淀从水中分离出来，并以剩余污泥形式排放，达到了除磷的效果。

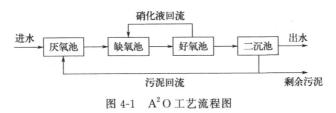

图 4-1 A²O 工艺流程图

4.3.3　理论拓展

A²O 是城市污水处理厂的主流工艺之一。然而，A²O 工艺中脱氮除磷工序复杂，微生物组成、基质类型和环境条件在厌氧池、缺氧池和好氧池中交替变化，存在着许多的局限与弊端，所涉及的问题有：脱氮和除磷过程中反硝化菌和聚磷菌对碳源基质的竞争、硝化菌和聚磷菌对泥龄范围的选择差异，以及硝化菌与异养菌对碱度和碳源等生境的需求差异等。污泥回流是缺氧段硝酸盐电子受体的主要来源，A²O 工艺的脱氮能力是依赖硝化液回流来保证的。然而，提高污泥回流比不仅大大增加动力消耗和运行成本，在 COD/N 较低时甚至会使出水中的硝酸盐增加。因此，合理化、智慧化的调控对氮磷提标、增效、降耗至关重要。近年来，在生物脱氮除磷方面的一些新的科学发现也为 A²O 工艺改良提供了新的思路。

厌氧氨氧化技术（Anammox）。《2020 研究前沿》将"厌氧氨氧化技术及它在污水处理中的应用"列为生态与环境科学领域的重点热点前沿。厌氧氨氧化技术（Anammox）是指在厌氧条件下，以氨为电子供体、亚硝酸为电子受体，产生氮气和硝酸的生物反应。Anammox 包括两个过程：一是分解（产能）代谢，即以氨为电子供体，亚硝酸盐为电子受体，两者以 1:1 的比例反应生成氮气，并把产生的能量以 ATP 的形式储存起来（式 4-4）；二是合成代谢，即以亚硝酸盐为电子受体提供还原力，利用二氧化碳以及分解代谢产生的 ATP 合成细胞物质，并在这一过程中产生硝酸盐。

$$NH_4^+ + NO_2^- = N_2 + 2H_2O, \Delta G = -358kg/mol \qquad (4\text{-}4)$$

反硝化除磷。近年来，人们发现在厌氧/缺氧交替运行的活性污泥体系中，易富集一类兼有反硝化和除磷作用的兼性厌氧微生物。它们是以 O_2、NO_2^- 或 NO_3^- 作为其生长代谢的电子受体的聚磷菌，被称为反硝化聚磷菌（DPAOs）。这类微生物能够通过代谢同时完成反硝化和聚磷过程，与传统反硝化细菌-聚磷菌共同培养的脱氮除磷工艺相比，它可以节约 50% 碳源、30% 曝气量，同时降低 50% 污泥产量。因此，反硝化除磷技术在生物脱氮除磷方面可以实现"一碳两用"，在一定程度上可缓解 A²O 工艺中的基质竞争问题。

好氧反硝化。传统观念认为反硝化过程只能发生在严格厌氧或缺氧条件下，好氧反硝化理论与这一观念相悖。近年来，研究者从活性污泥、土壤、海洋湖泊和各类废水中筛选分离了多种好氧反硝化菌，如不动杆菌属、气单胞菌属、副球菌属和假单胞菌属等。协同呼吸理论是目前被广泛接受的好氧反硝化反应的发生机制。该理论认为，好氧反硝化菌在把电子传递给氧气的过程中，电子传递链存在某一限速环节，因此过量的电子就传递给了反硝化酶系。好氧反硝化微生物的发现使得同步硝化反硝化成为可能，这不仅可以降低基建投资成本，而且反硝化过程产生的碱度也可以用于补偿硝化过程所需要的碱度，进一步降低工艺的运行成本。

城市污水深度脱氮除磷是目前世界各国的普遍发展趋势，颠覆性的脱氮除磷新理论也成为领域热点。目前，被关注的脱氮除磷新技术还包括好氧颗粒污泥法、同步硝化反硝化法（SND）、短程硝化反硝化法（SHARON）、异养硝化法等。

4.3.4 实验装置与设备

A^{2}O法处理校园生活污水综合创新实验装置示意图如图4-2所示，主要设备和仪器见表4-9。

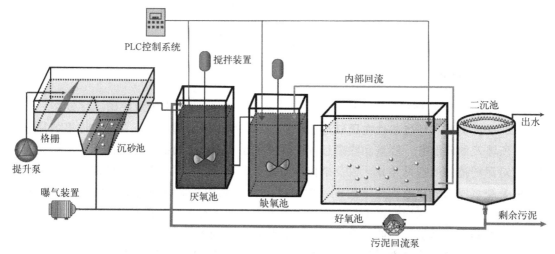

图4-2 A^{2}O法处理校园生活污水综合创新实验装置

表4-9 A^{2}O法处理校园生活污水综合创新实验设备与仪器表

实验设备	数量	主要仪器	数量
格栅及提升泵	1套	电子天平	1台
沉砂池与砂水分离器	1套	COD消解仪	1台
初沉池	1套	多参数水质分析仪	1台
厌氧池	1套	干燥箱	1台
缺氧池及搅拌装置	1套	马弗炉	1台
好氧池及曝气装置	1套	溶解氧测定仪	1台
二沉池及污泥回流泵	1套	pH计	1台
内循环水泵	1台	电子显微镜	1台
控制系统	1套		

4.3.5 实训内容与方法

4.3.5.1 实训内容

依据兴趣在以下4个实验内容中选择1个开展工作。其中，（4）属于属创新型实验，可在建议框架下进行适度拓展与深入研究。建议组成 4～6 人小组，进行明确的任务分工后开展实验工作。

（1）A^2O 活性污泥工艺启动及活性污泥培养与驯化

① 取城市污水处理厂曝气池或二沉池活性污泥接种至 A^2O 装置，加入校园生活污水（可适当补充人工配水）闷曝，序批式操作并规律性排水和进水；

② 分析闷曝阶段污泥性质与出水指标，讨论污泥培养情况与污泥活性的变化；

③ 连续运行 A^2O 体系，分析出水指标和污泥性质，结合指示性微生物确认启动完成。

（2）A^2O 体系各处理单元的功能作用及调控原理

① 分析 A^2O 校园生活污水处理体系中各单元的处理效能，明晰各处理单元的功能作用，结合实验结果和所学理论讨论净化机制；

② 探讨运行参数等对污水处理效果的影响，结合比耗氧速率和原生、后生动物观察，分析这些运行参数对生物脱氮除磷的影响及影响机制；

③ 调节 COD 或 N 负荷，探讨其对污泥性质和出水水质的影响，调控运行参数并分析其对脱氮除磷的作用，结合结果与基础理论讨论相关机制。

（3）DO/有机负荷对活性污泥性质的影响及污泥膨胀防控策略

① 研究 DO/有机负荷对污泥性质和指示性微生物的影响，讨论变化机制；

② 如果发生污泥膨胀，辨明污泥膨胀的类型，分析发生的原因；

③ 结合所掌握的基础理论，选择适宜的方法进行污泥膨胀的治理（如运行调控、投加药剂等），并讨论所选择方法的优势及存在的弊端。

（4）脱氮除磷新理论在 A^2O 工艺中的应用潜力、机制和瓶颈

① 调研生物脱氮除磷的新理论，选择 1 个可能在 A^2O 体系中实现的新技术，尝试对传统 A^2O 在工艺形式或运行等方面进行改良；

② 启动和运行改良 A^2O 工艺，并与传统工艺进行技术经济比较；

③ 采用多种物化和生物分析手段，揭示生物脱氮除磷新技术机制。

4.3.5.2 分析项目与检测方法

污泥性质指标：污泥沉降比（SV）、污泥沉降指数（SVI）、混合液悬浮固体浓度（MLSS）、混合液挥发性悬浮固体浓度（MLVSS）等。

水质指标：化学需氧量（COD）、总氮（TN）、总磷（TP）、氨氮（NH_4^+-N）、亚硝酸盐氮（NO_2^--N）、硝酸盐氮（NO_3^--N）、磷酸盐（PO_4^{3-}）、悬浮物（SS）等。

运行指标：pH、DO、污泥负荷、污泥龄（SRT）、水力停留时间（HRT）。

微生物学指标：比耗氧速率（SOUR）、原生动物和后生动物、生物群落结构等。

实验中需测定的常规项目指标根据《水和废水监测分析方法》（第四版）测定。

比耗氧速率（SOUR）是衡量污泥生物活性的重要参数，定义为单位质量污泥中微生物在单位时间内代谢所消耗的氧气量。取一定体积的泥水混合液充氧至饱和，采用虹吸法充满 BOD 测定瓶，放入转子后，迅速盖上安装有溶解氧探头的橡皮塞（注意瓶内不应存有气泡）。将 BOD 测定瓶放置于磁力搅拌器上，控制恒定转速进行搅拌，同时开始计时并记录溶解氧仪上的溶解氧浓度 D_t。最后绘制 D_t 与时间 T 的关系曲线，并添加趋势线，拟合趋势线的斜率即耗氧速率 OUR ［单位为 mg/(L·h)］，比耗氧速率 SOUR ［单位为 mg/(g·h)］则采用公式（4-5）计算：

$$SOUR = OUR/MLVSS \qquad (4-5)$$

测定 $SOUR_H$、$SOUR_{NH_4}$、$SOUR_{NO_2}$ 时，混合液内添加的基质分别为乙酸钠、氯化铵和亚硝酸钠。其中 $SOUR_H$ 为异养菌的比耗氧速率，$SOUR_{NH_4}$ 为氨氧化菌的比耗氧速率、$SOUR_{NO_2}$ 为亚硝酸盐氧化菌的比耗氧速率，$SOUR_N$ 是 $SOUR_{NH_4}$ 与 $SOUR_{NO_2}$ 之和，表示硝化菌的比耗氧速率。

原生、后生动物种类用电子显微镜辨别。生物群落结构的变化采用高通量宏基因组分类测序技术进行检测。污泥样品使用 DNA 提取试剂盒对基因组进行提取，然后以 F357（CCTACGGGAGGCAGCAG）和 R518（ATTACCGCGGCTGCTGG）作为引物针对细菌 16sRNA 的 V3～V4 区进行 PCR 扩增。

4.3.6 数据处理与结果分析

4.3.6.1 实验数据记录

每个样品有 2～3 个平行样，记录时取平均值，并建议进行误差分析。实验记录表参考表 4-10 进行。

表 4-10 A²O 法处理校园生活污水综合创新实验记录表

日期： 年 月 日（第 天）				记录人			
运行指标							
原水 pH				SRT/h			
原水温度/℃							
污泥负荷/[g/(g·d)]				HRT/h			
位置	水质指标及浓度/(mg/L)						
	COD	NH_4^+-N	NO_3^--N	NO_2^--N	TN	PO_4^{3-}	TP	SS
进水								
沉砂池出水								
初沉池出水								
厌氧池出水								
缺氧池出水								
好氧池出水								
二沉池出水								
位置	污泥性质指标			
	SV/%	SVI/(mL/g)	MLSS/(mg/L)	MLVSS/(mg/L)
厌氧池				
缺氧池				
好氧池				
位置	生物指标及浓度/[mg/(g·h)]		
	$SOUR_H$	$SOUR_{NH_4}$	$SOUR_{NO_2}$
厌氧池			
缺氧池			
好氧池			
显微镜观察			
其他			

4.3.6.2 数据处理要求

要求数据经误差分析处理后以图表的形式呈现，达到数据可视化的目的（建议使用 Excel 或 Origin 等专业软件）。图片需能够清晰表达数据的关键趋势及实验中的主要发现。举例来说，本实验中可以以运行时间为自变量、污染物浓度为因变量，反映运行调控过程中的污水处理效率的变化趋势。

对数据应有充分、准确的描述与分析，要结合已掌握的基础理论，进一步查阅专业书籍和专业文献，对结果展开充分的讨论。

对结果进行凝练，最终形成正确、直接、明了的结论。

4.3.7 考核方法

本实验最终成绩包括答辩（30%）和实验报告（70%）两部分，具体权重分配见表 4-11。

表 4-11 A²O 法处理校园生活污水综合创新实验考核指标

考核指标	答辩评分（30%）	实验报告评分(70%)					合计得分
		实验记录（20%）	数据处理（20%）	图表规范（10%）	结果讨论（30%）	结论（20%）	

4.4 反硝化滤池污水深度脱氮工艺运行与维护

4.4.1 实训目的

① 采用反硝化滤池处理模拟二级出水，掌握生物滤池的基本运行原理与反冲洗方法，理解反硝化生物脱氮技术。

② 结合理论知识，理解生物膜的生长过程，理解在污水生物处理中生物膜法与活性污泥法的差异。

③ 了解反硝化生物滤池在实际应用中可能面临的状况，通过运行参数的调控解决实际问题，加深对实际工艺的认识和理解，提高解决实际问题的能力。

④ 培养科研创新能力，在学习基础理论原理和理解基本运行操作的基础上，进一步开展生物脱氮新理论的研究。

4.4.2 基本原理

反硝化生物滤池（DNBF）是一种通过微生物的反硝化作用实现脱氮的生物滤池，它具有处理水量大、效率高、占地面积小、基建成本低等优点，近年来，在城市污水处理厂的提标改造中，多被设置在二级生化处理的后端，作为深度脱氮（后置反硝化）、SS 去除的强化工艺，因此受到广泛的关注。

反硝化生物滤池工艺中进行生物脱氮的主要是异养反硝化菌，它们以有机碳源（如甲醇，乙酸钠和乙醇等）作为电子供体，以硝酸盐或亚硝酸盐作为电子受体，发生氧化还原过程，完成生物脱氮。还有部分反硝化菌是自养微生物，它们可以以无机碳为碳源，以氢和铁、硫等的化合物作为电子供体，反应是一个涉及多种酶参与、多种中间产物生成并伴随着电子传递和能量产生的复杂过程。反应主要包括 4 种酶，即硝酸盐还原酶、亚硝酸盐还原酶、一氧化氮还原酶和一氧化二氮还原酶，将硝酸盐氮逐步还原为氮气：$NO_3^- \text{-N} \longrightarrow NO_2^- \text{-N} \longrightarrow NO \longrightarrow N_2O \longrightarrow N_2$。

反硝化生物滤池属于生物膜法，在运行一定时间后，随着生物膜的生长，滤池会发生堵塞，水头损失增大，因此需要及时进行反冲洗，将部分老化脱落的生物膜排出系统，促进新的生物膜生成。但是在反冲洗过程中，若反冲洗强度过大，会导致大量的生物膜被冲出系统，反冲洗后滤池的处理效果迅速下降，出水不达标；若反冲洗不彻底，再次恢复运行时会迅速堵塞，运行周期缩短，反冲洗频率增加。所以，需要根据进水水质、水量变化以及生物膜的生长情况，摸索出合适的冲洗频率和冲洗强度。

根据水力流态，反硝化滤池可以分为上向流式和下向流两种形态。上向流的反硝化滤池和传统生物滤池的结构相近，污水自下而上流动，滤池从下至上包括四层，分别为配水层、承托层、填料层和清水层。下向流的反硝化滤池与 V 型滤池结构相近，从上至下包括四层，分别为配水区、填料区、承托层、出水收集区，如图 4-3 所示，待滤水从滤池上部的配水槽进入滤料区，过滤后从下部流出。为了保证反硝化滤池的正常运行，常常配备有气水联合反冲洗设备，定期清洗过度生长的生物膜。

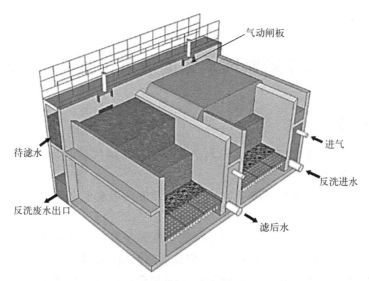

图 4-3　下向流反硝化滤池结构示意图

4.4.3　理论拓展

4.4.3.1　碳源类型对反硝化的影响

目前，反硝化生物脱氮过程主要依赖异养反硝化作用。所以，碳源作为该过程中必不可少的物质，其类型和 COD/N 是影响反硝化速率和脱氮效果的关键参数。通常，在污水处理过程中去除 1mg N，大约需要消耗 6～8mg COD。但是，我国城市污水普遍为低 COD/N 废水，碳源不足是其面临的关键难题，会直接导致出水总氮超标，在冬季低温环境下更加严重。为保证反硝化过程的高效进行，目前污水处理厂通常需要额外投加碳源。研究发现，不同类型的碳源对反硝化速率、反硝化效能以及代谢产物的种类都有很大影响。因此，反硝化脱氮过程中使用的外碳源类型必须考虑多方面因素，包括运行成本、脱氮效果、投加条件及可能对出水水质和污泥产物的影响等。

传统上，投加的碳源主要为化工品，包括甲醇、乙酸和小分子糖类等，这些药剂的价格昂贵且资源有限。为解决传统碳源在使用中遇到的各种难题，目前开始探索使用天然纤维素物质及人工合成高聚物为主的固体碳源，工业废水、污泥水解上清液等新型外碳源。

4.4.3.2 短程反硝化

厌氧氨氧化技术应用于污水处理具有节能低耗的优势，但 NO_2^--N 是反应的底物之一，如何将污水中的部分 NH_4^+-N 转化为 NO_2^--N 用于厌氧氨氧化反应是目前面临的难题。短程反硝化旨在将反应控制在 NO_2^--N 还原阶段，即通过控制不同的条件诱导系统中 NO_3^--N 还原反应的发生，同时抑制 NO_2^--N 的进一步还原，形成 NO_3^--N 与 NO_2^--N 还原速率的差异，以实现 NO_2^--N 累积。在再生水厂的反硝化滤池出水中，经常会检测到 NO_2^--N 的存在，但是为了促进 NO_2^--N 累积，通常控制的调控因子主要包括 COD/N、pH 及碳源类型等。与完全反硝化相比，短程反硝化可以大大降低碳源投加量，且污泥产量低。构建的短程反硝化-厌氧氨氧化系统用于深度脱氮，可以将污水中的部分 NH_4^+-N 直接转化为氮气，节省曝气能耗。但是，目前对短程反硝化技术的研究主要集中于活性污泥系统。

4.4.4 实验装置与设备

该综合创新实验装置示意图如图 4-4 所示，主要设备和仪器见表 4-12。

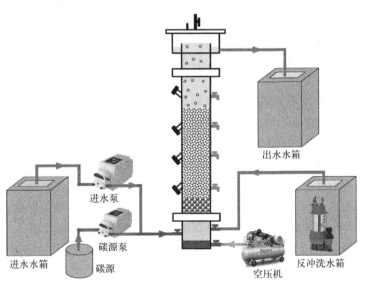

进水泵

碳源泵

碳源

进水水箱

出水水箱

空压机

反冲洗水箱

图 4-4　DNBF 处理二级出水综合创新实验装置

表 4-12　DNBF 处理二级出水综合创新实验设备与仪器表

实验设备	数量	主要仪器	数量
进水泵	1 套	电子天平	1 台
反冲洗空压机	1 套	COD 消解仪	1 台

实验设备	数量	主要仪器	数量
反冲洗水泵	1 套	多参数水质分析仪	1 台
反硝化滤池	1 套	干燥箱	1 台
空气流量计	1 套	马弗炉	1 台
反冲洗水流量计	1 套	溶解氧测定仪	1 台
进水水箱	1 套	pH 计	1 台
反冲洗水箱	1 套	电子显微镜	1 台
控制系统	1 套		

4.4.5 实训内容与方法

依据兴趣在以下 4 个实验内容中选择 1 个开展工作。其中，（4）属于属创新型实验，可在建议框架下进行适度拓展与深入研究。建议组成 4～6 人小组，并进行明确的任务分工后开展实验工作。

4.4.5.1 实训内容

（1）不同启动方式下 DNBF 中生物膜的培养

① 分别采用接种挂膜法和自然挂膜法启动 DNBF，处理模拟的城市污水处理厂二级出水，探讨系统启动过程中的脱氮效果；

② 在 DNBF 启动过程中，比较两种启动方式下生物量与生物膜的生长形态变化；

③ 分析在 DNBF 启动过程中滤池不同高度上的出水水质与生物膜形态特征，比较生物膜法与活性污泥法的差异。

（2）DNBF 运行过程中反冲洗周期与强度的优化调控

① 保持恒定的进水水质及运行参数，控制不同的运行周期，分析滤池的堵塞程度及反冲洗后的恢复效果；

② 保持恒定的进水水质、运行参数及运行周期，在反冲洗过程中控制不同的反冲洗强度及反冲洗时间，比较滤池反冲洗后的恢复效果。

（3）不同运行参数对 DNBF 脱氮效果的影响

① 控制不同的 COD/N 运行 DNBF，比较不同 COD/N 下的运行效果；

② 采用不同类型碳源运行 DNBF，比较不同碳源对 DNBF 脱氮效果的影响；

③ 调控不同滤速运行 DNBF，比较不同滤速对 DNBF 脱氮效果的影响。

（4）短程反硝化-厌氧氨氧化生物脱氮新理论在生物滤池中的应用潜力

① 调研学习短程反硝化-厌氧氨氧化生物脱氮新理论的研究进展及其运行调控方法；

② 在生物滤池中实现短程反硝化，调控运行参数，提高系统中的亚硝酸盐氮累积效果；

③ 通过工艺运行，比较短程反硝化与完全反硝化滤池在微生物组成、反冲洗周期、碳源消耗量等方面的差异。

4.4.5.2 分析项目与检测方法

运行指标：碳源类型、COD/N、水力停留时间（HRT）、运行周期、反冲洗强度与时间。

水质指标：化学需氧量（COD）、氨氮（NH_4^+-N）、硝酸盐氮（NO_3^--N）、亚硝酸盐氮

（NO_2^--N）、总氮（TN）、SS、pH 及 DO 等。

微生物学指标：生物量、生物膜表观形态与厚度、生物群落结构。

实验中需测定的常规项目指标根据《水和废水监测分析方法》（第四版）测定，pH 和溶解氧采用在线监测探头测定。

生物量：生物量测定方法在活性污泥 MLVSS 测定方法的基础上稍有改动，取一定体积（V）的滤料于烘干至恒重（m_0）的坩埚内，105℃下烘干至恒重（m_1），于马弗炉内 550℃ 烧 2h，冷却干燥后称重（m_2），单位质量滤料上的生物量为（m_1-m_2）/（m_2-m_0），单位体积滤料上的生物量为（m_1-m_2）/V。

生物膜厚度：生物膜厚度采用显微镜图像法测定，使用显微镜 40 倍拍照，并用 Image Pro Plus 6.0 软件对污泥粒径与生物膜厚度进行测量，每个样品至少拍 50 张照片并进行统计分析。

生物膜形态：生物膜宏观形态特征采用数码相机拍摄记录，微观形态与结构特征采用微生物光学显微镜记录，保存照片并以拍摄时间和取样位置统一命名，如 2024 年 6 月 12 日取滤层高 20cm 处的生物膜样品，命名为 240612-20。

微生物群落结构：生物群落结构的变化采用高通量测序技术进行分析。将滤料表面的生物膜样品振荡剥落后，采用 DNA 提取试剂盒进行基因组 DNA 提取，然后以 F357（CCTACGGGAGGCAGCAG）和 R518（ATTACCGCGGCTGCTGG）作为引物针对细菌16sRNA 基因的 V3～V4 区进行 PCR 扩增，对扩增产物进行测序分析，对测序结果进行物种注释。

4.4.6 数据处理与结果分析

4.4.6.1 实验数据记录

每个样品有 2～3 个平行样，记录时取平均值，并建议进行误差分析。实验记录参考表 4-13、表 4-14 进行。

表 4-13 DNBF 处理二级出水综合创新实验过滤运行阶段数据记录表

日期： 年 月 日（第 天）		记录人					
运行指标							
原水 pH		HRT/h					
原水温度/℃							
碳源类型		COD/N					
水质指标及浓度							
取样点	COD /(mg/L)	NH_4^+-N /(mg/L)	NO_3^--N /(mg/L)	NO_2^--N /(mg/L)	TN /(mg/L)	DO /(mg/L)	pH	SS /(mg/L)
进水								
进水混合								
20cm 出水								
40cm 出水								
60cm 出水								
80cm 出水								
100cm 出水								

取样点	污泥性质	
	单位质量滤料生物量/(mg/g)	生物膜厚度/μm
20cm		
40cm		
60cm		
其他		

表 4-14　DNBF 反冲洗运行参数数据记录表

反冲洗日期	年　月　日		操作人	
运行指标	启动方式		运行温度	
	碳源类型		COD/N	
	运行起止日期		运行周期/d	
反冲洗运行参数				
气冲	气冲流量/(L/min)			
	气冲时间/min			
气冲加水冲	气冲流量/(L/min)			
	水冲流量/(L/min)			
	气冲加水冲时间/min			
水冲	水冲流量/(L/min)			
	水冲时间/min			

4.4.6.2　数据处理要求

要求数据经误差分析处理后以图表的形式呈现，达到数据可视化的目的（建议使用 Excel 或 Origin 等专业软件）。图片需能够清晰表达数据的关键趋势及实验中的主要发现。举例来说，本实验中可以以运行时间为自变量、污染物浓度为因变量，反映运行调控过程中的污水处理效率的变化趋势。

对数据应有充分、准确的描述与分析，要结合已掌握的基础理论，进一步查阅专业书籍和专业文献，对结果展开充分的讨论。

对结果进行凝练，最终形成正确、直接、明了的结论。

4.4.7　考核方法

本实验最终成绩包括答辩（30%）和实验报告（70%）两部分，具体权重分配见表 4-15。

表 4-15　DNBF 处理二级出水深度脱氮综合创新实验考核指标

考核指标	答辩评分（30%）	实验报告评分(70%)					合计得分
		实验记录（20%）	数据处理（20%）	图表规范（10%）	结果讨论（30%）	结论（20%）	

4.5 低温硝化细菌的筛选、鉴定与应用

4.5.1 实训目的

① 了解硝化细菌在自然界中的生态分布与多样性。

② 掌握硝化细菌的种类、氮代谢原理，理解培养基中各成分的意义。熟练配制培养基，掌握灭菌锅的使用。

③ 理解限制性富集培养对于筛选功能微生物的意义，能掌握规范的无菌操作，熟练运用好氧微生物分离纯化方法，通过限制富集培养筛选出低温硝化细菌。能独立操作分光光度计、离子色谱仪等仪器。

④ 掌握利用多相分类学法鉴定微生物的方法，能独立完成微生物的初步鉴定工作。能独立操作光学显微镜、凝胶成像仪、超微量分光光度计、PCR 仪等仪器。

⑤ 了解微生物细胞固定化的方法与意义。

⑥ 会设计正交试验，理解菌群协作在菌剂开发处理污染物中的实际意义。

⑦ 培养融会贯通的思维，锻炼理论联系实际和分析解决问题的能力，明晰环境微生物的基本研究方法，通过查阅文献了解获得的菌种并明确今后的研究方向，进而提高科研素养与创新能力，开展后续创新性实验研究。

4.5.2 基本原理

硝化细菌是一类广泛存在于自然界，在生物脱氮过程中起重要作用的微生物。从广义上来说，硝化细菌包括亚硝化菌和硝化菌两个生理菌群；从碳源利用方面来说，硝化细菌分为自养硝化细菌和异养硝化细菌。传统生物脱氮过程由硝化和反硝化两个过程组成。生物脱氮过程包括几个步骤：首先在好氧条件下，亚硝化菌将氨氮氧化为亚硝酸盐氮，随后，在好氧条件下，硝化菌进一步把生成的亚硝酸盐氮氧化为硝酸盐氮，最终在缺氧条件下，反硝化菌将硝酸盐逐步还原为氮气。

微生物多相分类鉴定法包括微生物的生理生化鉴定与分子鉴定。API 20NE 试验条是微生物生理生化快速鉴定的常用方法之一，通常是在含干燥底物或培养基的小管内进行微生物培养，将用生理盐水稀释形成的细菌悬液接种到小管内，形成液相培养基。在培养过程中，微生物的代谢作用会在自然状态下或在加入试剂后使培养基发生颜色变化。同时，小管内仅含有少量培养基，只有能够利用对应底物的微生物才能生长。最后，可以根据说明表判读反应，参照分析图索引和 APILAB Plus 软件得出微生物鉴定结果。16S rRNA 是细菌系统分类研究中最有用和最常用的分子钟，在所有微生物体内均含有该基因片段，且在结构与功能上具有高度保守性，通过基因测序技术可以快速获得不同微生物的该基因序列，同时能够鉴定出不同菌属之间的差异，故被细菌学家和分类学家接受。

微生物固定化技术是通过不同的固定化手段将微生物细胞固定在特定载体上，使微生物的细胞浓度显著提高，同时保证其正常的生理代谢活性，可以在适宜的生长环境中进行生长繁殖，以满足实际技术需求的新型生物工程技术。该技术基本出发点在于以保证功能微生物的生理代谢为核心，提高微生物在不利环境的抵抗能力，如耐受毒性和抗水力冲击等，并减

少不利环境中微生物的流失，易于实现固液分离，改善微生物的游离状态使其可以顺利应用于实际工程。

4.5.3 理论拓展

（1）异养硝化-好氧反硝化菌

除了传统的好氧硝化、缺氧反硝化微生物外，随着微生物分离鉴定水平的提高，陆续在不同的生态环境如污水处理系统、土壤、湖泊、湿地等生态系统中分离出了一些新型微生物，经过鉴定发现这些微生物可以进行异养硝化-好氧反硝化作用，即在好氧条件下将氨氮氧化成亚硝酸盐氮和硝酸盐氮，同时可以进一步通过反硝化作用将其还原为氮气的过程。

对于异养硝化-好氧反硝化菌的代谢机理，目前对 *Paracoccus pantotrophus* 的研究较为明确，反应过程中主要涉及以下几种酶：氨单加氧酶（AMO）、羟胺氧化酶（HAO）、硝酸盐还原酶（NAR）、亚硝酸盐还原酶（NIR）、一氧化氮还原酶（NOR）和一氧化二氮还原酶（NOS）。首先，在 AMO 的作用下氨氮被氧化为 NH_2OH，进一步在 HAO 的作用下氧化为 NO_2^-，该过程中 HAO 将产生的电子传递给细胞色素 c551，随后依次经过 NIR、NOR、NOS，将 NO_2^- 逐步还原为 N_2，最后电子经细胞色素 c550 传递给细胞色素 aa3，将氧还原为水。

（2）Biolog 自动细菌鉴定系统

基于不同种类的微生物利用碳源具有特异性，且碳源代谢产生的酶会使四唑类物质产生颜色反应，加之微生物利用碳源代谢，使菌体大量增殖，浊度显著改变，因此可充分应用不同微生物的特征指纹图谱建立数据库，将待鉴定微生物的图谱与数据库对比，即可得出鉴定结果。Biolog 公司提供的微生物鉴定系统由自动分析仪、计算机分析软件、浊度仪和鉴定板组成，其中鉴定板分五大类，即 GN2 板（鉴定革兰氏阴性好氧菌）、GP2 板（鉴定革兰氏阳性好氧菌）、AN 板（鉴定厌氧菌）、YT 板（鉴定酵母菌）和 FF 板（鉴定丝状真菌）。

（3）其他一些微生物鉴定手段

① 采用随机扩增多态性 DNA（RAPD）技术和单链构象多态性（SSCP）技术对菌株进行鉴别，其中 RAPD 技术可以对同一菌种的诱变菌株与原始菌株进行鉴定区分，SSCP 技术可以对工业酒精酵母菌株进行鉴别。

② TLC 薄层层析技术主要基于对细菌、放线菌细胞壁化学组分（氨基酸、糖）的分析，可作为微生物菌种鉴定的重要技术手段。

③ 全细胞脂肪酸分析鉴定系统是对不同菌株的脂肪酸图谱进行分析，并与标准数据库进行比对，以此来鉴定区分细菌和酵母，目前该技术已成为细菌或酵母在种水平上的有效鉴定手段之一。

④（G＋C）物质的量占比与 DNA/DNA 杂交技术。该技术通过核酸蛋白分析仪测定 T_m 值，进一步得出不同菌株的（G＋C）物质的量占比，并与模式菌株进行 DNA/DNA 杂交同源性分析，目前该鉴定手段是多相微生物鉴定方法的重要组成部分。

（4）微生物固定化方法

微生物固定化方法主要分为包埋法、交联法、共价结合法和吸附法等。其中包埋法是最常用的方法之一，其原理是在高聚物形成凝胶的过程中使优势功能菌扩散至凝胶内部，或者将优势菌嵌入载体内部，只允许小分子底物与代谢产物自由出入高聚物凝胶。常用的包埋材料有聚丙烯酰胺、海藻酸盐、琼脂、聚乙烯醇等。吸附法原理是游离微生物通过物理吸附或离子吸附固定在载体材料上。共价结合法是指微生物细胞表面与载体材料表面的基团反应形成化学共价键，以此来固定微生物。交联法是指利用具有两个或两个以上功能基团的交联剂，使其与微生物细胞表面的反应基团进行交联形成稳定的共价键，从而实现微生物的固定。常用的交联剂有戊二醛、双重氮联苯胺等。

4.5.4 实验材料与仪器

低温硝化菌的筛选、鉴定与应用实验所需的主要材料与仪器见表 4-16。

表 4-16　低温硝化菌的筛选、鉴定与应用实验材料与仪器

实验材料	数量	主要仪器	数量
封口袋	1 包	采样器	1 个
离心管 50mL、15mL	各 1 包	冰箱	1 个
药勺	1 个/组	电子天平	1 台
称量纸	1 包	pH 计	1 个
锥形瓶 150mL	1 箱	灭菌锅	1 台
封口膜	1 卷	移液器	1 套/组
皮套	1 包	低温振荡培养箱	1 台
烧杯 2L	1 个/组	低温生化培养箱	1 台
量桶 250mL	1 个/组	离子色谱仪	1 台
玻璃棒	1 个/组	分光光度计	1 台
培养皿 9cm	1 箱	电泳仪	1 台
移液头 1mL	1 包	超微量分光光度计	1 台
涂布棒	1 把/组	凝胶成像仪	1 台
接种环	1 把/组	PCR 仪	1 台
白瓷比色板	1 个/组	计算机	1 台
石英比色杯	1 个/组	超声振荡仪	1 台
PCR 管	1 包	低温高速离心机	1 台
PCR 管架	1 个/组	涡旋振荡仪	1 台
菌种鉴定试剂盒 API 20 NE	1 个	迷你型离心机	1 台
细菌基因组 DNA 提取试剂盒	1 个	光学显微镜	1 台
离心管架 2mL	1 个/组	扫描电镜	1 台
酒精灯	1 个/组		

4.5.5 实训内容与方法

4.5.5.1 实训内容

建议组成 2～4 人小组，进行明确任务分工后开展实验。

（1）低温硝化细菌筛选所需环境样品的采集

根据硝化细菌在生态系统中的空间分布与生存条件，采集不同来源、类型的环境样品，以期增加目的菌种获得概率。采集的样品置于无菌封口袋或器皿中，4℃保存，进行进一步

分离纯化培养。

（2）低温硝化细菌筛选培养基的配制

硝化细菌包括亚硝化菌（氨氧化菌）和硝化菌（亚硝酸盐氧化菌）两个生理菌群。根据利用的碳源类型，硝化细菌可分为自养硝化细菌和异养硝化细菌。根据目标菌种的生长条件，设计、配制适合的选择培养基，并在目标温度下驯化培养，以期分离纯化出可培养的低温硝化细菌。

（3）可培养的低温硝化细菌的分离纯化

取适量采集的环境样品，分别接种于4种不同的液体硝化细菌筛选培养基，10℃下先通过限制性富集培养，再利用平板稀释涂布法、平板划线分离法，直至获得单菌落，完成初筛。将菌种转接于液体培养基，分析各菌株的氨氮或亚硝氮去除速率、生长量、温度生长适应性，完成复筛，从而获得功能稳定、纯培养的低温硝化细菌。

（4）低温硝化细菌的分子鉴定与系统发育分析

利用细菌16S rRNA基因通用引物，通过PCR扩增硝化细菌16S rRNA基因全长，测序后分别利用GenBank数据库、MEGA 5.1软件进行基因同源性分析与系统发育分析，以期初步确定筛选的低温硝化细菌的系统分类地位。

（5）低温硝化细菌的生理生化鉴定

根据筛选的低温硝化细菌分子鉴定结果，依照《伯杰氏系统细菌学手册》中所在分类地位的生理生化鉴定指标，采用API菌种鉴定试剂盒进行鉴定，进一步明确筛选的硝化细菌的系统分类地位。

（6）低温硝化细菌的固定化应用

将筛选的低温亚硝化菌（氨氧化菌）进行复配，利用海藻酸钠-硅藻土对其进行包埋固定化，处理采集的污水厂曝气池生活污水，分别设置空白对照组、游离复合菌剂组、固定化颗粒组，分析氨氮去除率，以期明确筛选的低温硝化细菌的实际脱氮效果。

4.5.5.2　实验用培养基、分析项目与检测方法

环境样品来源：列举出以下来源的环境样品，可根据实际条件自行选择采集。

① 实验室培养的好氧颗粒活性污泥。

② 实验室低温运行的序批式生物膜反应器（SBBR）载体填料。取适量带菌填料置于20mL pH＝7.2的磷酸盐缓冲液中，加入0.01％焦磷酸钠，超声振荡20s以分散吸附在载体上的微生物，提高菌种筛选概率。

③ 冬季校园污水处理站活性污泥。

④ 冬季某污水处理厂生化系统活性污泥、生物转盘污泥。

⑤ 冬季某污水处理厂曝气池水样。

⑥ 冬季某污水处理厂二沉池污泥。

⑦ 冷水鱼工厂化养殖车间生物滤器中自然挂膜的生物滤料，样品处理方法同②。

⑧ 冬季松花江、伊通河底泥（水底沉积物）。

⑨ 校园林下黑土，采样深度为0～40cm，过1cm筛。

⑩ 中国北极科学考察采集的海洋沉积物。

实验用培养基：列举出以下几种培养基供参考，可查阅文献尝试其他培养基。

① 异养硝化培养基：$NaNO_2$ 1.0g/L，CH_3COONa 2.5g/L，柠檬酸钠 2.5g/L，K_2HPO_4 5.0g/L，$MgSO_4$ 2.5g/L，NaCl 20g/L，微量元素溶液2mL。

② 自养硝化培养基：NaNO₂ 1.0g/L，Na₂CO₃ 2.0g/L，K₂HPO₄ 0.5g/L，MgSO₄ 0.5g/L，NaCl 20g/L，微量元素溶液 2mL。

③ 异养亚硝化培养基：$(NH_4)_2SO_4$ 1.0g/L，CH_3COONa 2.5g/L，柠檬酸钠 2.5g/L，K_2HPO_4 5.0g/L，$MgSO_4$ 2.5g/L，NaCl 20g/L，微量元素溶液 2mL。

④ 自养亚硝化培养基：$(NH_4)_2SO_4$ 1.0g/L，Na_2CO_3 2.0g/L，K_2HPO_4 0.5g/L，$MgSO_4$ 0.5g/L，NaCl 20g/L，微量元素溶液 2mL。

⑤ 微量元素溶液：$MnCl_2$ 5.06g/L，$ZnSO_4$ 2.2g/L，$CoCl_2$ 1.61g/L，$CaCl_2$ 5.5g/L，钼酸铵 1.0g/L，$FeSO_4$ 5.0g/L，$CuSO_4$ 1.57g/L。

⑥ 固体培养基另加 15～20g/L 琼脂。

菌种分离纯化方法：取适量环境样品，分别接种于 4 种不同的 50mL 液体硝化细菌筛选培养基中，10℃ 130r/min 振荡培养 7d，然后按 2% 接种量移取培养液，转接到新的相同的液体筛选培养基中，相同条件下培养 7d，如此重复两次；富集的培养液经适当稀释，取 100μL 涂布筛选培养基平板，置于 10℃ 培养箱中，待菌液完全渗入培养基，倒置，培养 14d；根据菌落的形态学特征，挑取不同的单菌落重新划线分离直至菌落单一纯化为止。注意：培养时间供参考，实际培养时应勤观察平板上的菌落，大致标记菌落长出的先后顺序，记录好菌落大小、颜色、形态等。

菌种筛选方法：将纯化出的菌株分别接种至液体培养基中，10℃ 振荡培养。当菌株的生长浓度达到对数期时，取适量培养液离心，用磷酸盐缓冲液清洗菌体 3 次，再加入磷酸盐缓冲液制成菌悬液。将菌悬液分别接种于液体培养基中，初始接种量 OD_{600} 为 0.2 左右，10℃ 振荡培养 7～14d，取适量培养液于白瓷比色板上，利用格里斯试剂测定亚硝氮的生成，利用二苯胺试剂定性检测硝氮的存在，分别筛选出去除氨氮的亚硝化菌和去除亚硝氮的硝化菌。也可通过定期取样，利用纳氏试剂分光光度法定量监测氨氮浓度的变化，利用离子色谱定量监测亚硝氮、硝氮浓度的变化，分别筛选出高效去除氨氮的亚硝化菌和高效去除亚硝氮的硝化菌。重复上述操作，以筛选出高效稳定去除氨氮或亚硝氮的菌株。注意：应统一接种菌液的细胞数量，清除接种菌液携带的氨氮或亚硝氮，以免对氨氮或亚硝氮测定结果造成误差。

菌种温度生长适应性测定：对筛选的菌株进行不同温度下生长情况的测定。将菌株分别按 1% 的接种量接入液体培养基中，分别于不同温度（0℃、10℃、20℃、30℃）下振荡培养，2d 后取样适量培养液测定其 OD_{600} 值，以此判定菌株对温度的适应范围。

菌种分子鉴定与系统发育分析：利用细菌基因组 DNA 提取试剂盒对筛选的低温硝化细菌总 DNA 进行提取，详细提取步骤参考选择的试剂盒说明书。经琼脂糖凝胶电泳检测合格的 DNA 作为细菌 16S rRNA 基因扩增的模板，利用细菌 16S rRNA 基因扩增通用引物 27F（5′-AGAGTTTGATCCTGGCTCAG-3′）和 1492R（5′-GGTTACCTTGTTACGACTT-3′）进行 PCR 扩增。PCR 扩增采用 50μL 体系：1μL 引物 27F，1μL 引物 1492R，25μL Master Mix，21μL 无菌去离子水，2μL DNA 模板。反应条件：95℃ 5min；95℃ 1min，55℃ 30s，72℃ 1.5min，30 个循环；72℃ 延伸 7min。PCR 产物经琼脂糖凝胶电泳检测合格后送至生物测序公司进行纯化和测序，获得的 16S rRNA 基因序列有效长度为 1300～1400bp，测序结果在 GenBank 数据库进行同源性比对分析，关注序列的覆盖程度、相似程度与 E 值，选取同源性最高和最有代表性的菌株作为 16S rRNA 序列分析的最终结果。系统发育分析采用 Mega 5.1 软件，基于最小邻接法构建系统发育树。

菌种生理生化鉴定：生理生化鉴定方法采用 API-20NE 试剂盒法，主要用于鉴定非肠杆菌科细菌，其他种的细菌要选择相应的 API 系列产品。如有条件也可用 Biolog 自动细菌鉴定系统。

根据筛选菌株分子鉴定的初步分类地位，对应《伯杰氏系统细菌学手册》相应分类地位的生理生化指标，利用非肠杆菌科鉴定试剂盒进行生理生化指标测定，具体操作按说明书进行。主要内容包括：菌落表观形貌观察、简单染色菌体形态观察、扫描电镜对菌株微观形态观察、革兰氏染色、产各种胞外水解酶能力、利用各种碳源生长能力、是否有硝酸盐还原能力、M-P 试验、V-P 试验、吲哚试验、石蕊牛乳试验、明胶液化试验、需氧性试验等。

复合菌株的构建：根据筛选的高效稳定活性的亚硝化菌（氨氧化菌）设计正交实验，因素为菌株数量，水平为接种量，因素设置以实际得到的菌株为准，水平设置可参考接种量 1mL、2mL、3mL。将菌株活化后，获得菌悬液，调整各菌悬液的浓度 OD_{600} 相同，按正交实验所设计的各菌株接种量进行混合，接种于异养或自养硝化液体培养基中，振荡培养 3d，测量培养前后培养液中氨氮浓度变化，确定最佳配比。

复合菌株的固定化及氨氮处理效果测定：首先利用海藻酸钠-硅藻土对复配菌株进行包埋固定化，其成分比例为海藻酸钠 2%、硅藻土 1%、沸石 6%、$CaCl_2$ 3%。采集污水处理厂曝气池生活污水，测定原水氨氮、COD 浓度，进行 3 组实验，第 1 组为空白对照，第 2 组为游离复合菌剂实验组，第 3 组则为固定化颗粒实验组，分别测定不同组中的氨氮处理效果。

4.5.6 数据处理与结果分析

4.5.6.1 实验数据记录

在测定时要有 2~3 个平行样，记录时取平均值，并进行误差分析。实验记录表参考表 4-17~表 4-20 进行。

表 4-17 低温硝化细菌的筛选、鉴定与应用实验记录表 1

日期		记录人				
样品来源						
培养基	是否用提供的培养基					
	其他培养基					
分离纯化	自养亚硝化培养基	稀释倍数	菌落数	菌落形态	菌落种类	纯化出了几种菌	菌落、菌体形态
	合适的稀释倍数						
	异养亚硝化培养基	稀释倍数	菌落数	菌落形态	菌落种类	纯化出了几种菌	菌落、菌体形态
	合适的稀释倍数						

		稀释倍数	菌落数	菌落形态	菌落种类	纯化出了几种菌	菌落、菌体形态
分离纯化	自养硝化培养基						
	合适的稀释倍数						
		稀释倍数	菌落数	菌落形态	菌落种类	纯化出了几种菌	菌落、菌体形态
	异养硝化培养基						
	合适的稀释倍数						

表 4-18　低温硝化细菌的筛选、鉴定与应用实验记录表 2

	自养亚硝化菌株编号	亚硝氮是否存在	硝氮是否存在	氨氮去除率/%	温度适应性	OD$_{600}$(0℃、10℃、20℃、30℃)	最适温度/℃
	1						
	2						
	3						
	4						
	5						
	高效菌株						
	异养亚硝化菌株编号	亚硝氮是否存在	硝氮是否存在	氨氮去除率/%	温度适应性	OD$_{600}$(0℃、10℃、20℃、30℃)	最适温度/℃
	1						
筛选	2						
	3						
	4						
	5						
	高效菌株						
	自养硝化菌株编号	亚硝氮是否存在	硝氮是否存在	亚硝氮去除率/%	温度适应性	OD$_{600}$(0℃、10℃、20℃、30℃)	最适温度/℃
	1						
	2						
	3						
	4						
	5						
	高效菌株						

	异养硝化菌株编号	亚硝氮是否存在	硝氮是否存在	亚硝氮去除率/%	温度适应性	OD_{600}(0℃、10℃、20℃、30℃)	最适温度/℃
筛选	1				温度适应性		
	2						
	3						
	4						
	5						
	高效菌株						

表 4-19 低温硝化细菌的筛选、鉴定与应用实验记录表 3

	自养亚硝化菌株编号	同源性/%	生理生化鉴定结果与分子鉴定结果是否吻合	属名	种名
鉴定	1				
	2				
	3				
	4				
	5				
	是否有新的属或种				
	异养亚硝化菌株编号	同源性/%	生理生化鉴定结果与分子鉴定结果是否吻合	属名	种名
	1				
	2				
	3				
	4				
	5				
	是否有新的属或种				
	自养硝化菌株编号	同源性/%	生理生化鉴定结果与分子鉴定结果是否吻合	属名	种名
	1				
	2				
	3				
	4				
	5				
	是否有新的属或种				

鉴定	异养硝化菌株编号	同源性/%	生理生化鉴定结果与分子鉴定结果是否吻合	属名	种名
	1				
	2				
	3				
	4				
	5				
	是否有新的属或种				

表 4-20　低温硝化细菌的筛选、鉴定与应用实验记录表 4

	水平	因素				氨氮去除率/%	最佳菌株组合
		A	B	C	……		
正交实验及固定化应用	1						
	2						
	3						
	4						
	5						
	6						
	7						
	8						
	9						
	……						
	K1						
	K2						
	K3						
	……						
	R 极差						
	项目	原水氨氮浓度/(mg/L)	处理后氨氮浓度/(mg/L)	去除率/%			
	空白对照						
	游离复合菌剂						
	固定化颗粒						

注意保留好筛选出的低温硝化细菌的菌落、菌体形态照片，16S rRNA 基因序列。

4.5.6.2　数据处理要求

要求数据经误差分析处理后，以图表的形式呈现，达到数据可视化的目的（建议使用 Origin 等专业软件）。图片需能够清晰表达数据的关键趋势及实验中的主要发现。

对数据应有充分、准确的描述与分析，要结合已掌握的基础理论，进一步查阅专业书籍和专业文献，对结果展开充分的讨论。

对结果进行凝练，最终形成正确、直接、明了的结论。

4.5.7 考核方法

本实验最终成绩包括答辩（30%）和实验报告（70%）两部分，具体权重分配见表4-21。

表4-21　低温硝化菌的筛选、鉴定与应用实验记录表考核指标

考核指标	答辩评分（30%）	实验报告评分(70%)					合计得分
		实验记录（20%）	数据处理（20%）	图表规范（10%）	结果讨论（30%）	结论（20%）	

4.6　超滤-反渗透海水淡化工艺运行与调控

4.6.1　实训目的

① 采用超滤-反渗透工艺淡化模拟海水，理解超滤-反渗透工艺的基本运行原理与方法，了解超滤-反渗透工艺技术流程。

② 结合理论知识，理解超滤-反渗透工艺的原理，掌握超滤-反渗透水处理工艺与传统水处理工艺的差异。

③ 模拟超滤-反渗透工艺在实际应用中可能面临的状况，通过运行参数的调控解决实际问题，加深对超滤-反渗透工艺的认识和理解，提高解决实际问题的能力。

④ 培养科研创新能力，在学习基础理论原理和理解基本运行操作的基础上，进一步开展超滤-反渗透工艺新理论研究。

4.6.2　基本原理

超滤（UF）是一种压力驱动的膜分离技术。超滤膜由致密皮层和多孔支撑层组成，具有不对称结构，膜孔径 $0.005\sim0.1\mu m$，截留分子质量 $10^3\sim10^5 Da$，溶液分离驱动压力 $0.03\sim0.6MPa$。中空纤维超滤膜是目前应用最广泛、最成熟的一种超滤膜，分为内压式、外压式两种。内压式适用于各种水质、管径平均统一，从中空纤维膜的内腔进水，水流速度均衡，但严格限制进水颗粒粒径及其含量；外压式适合原水水质差、悬浮物含量高的情况，从膜丝之间进水，膜丝间留有一定空间，可通过气体冲洗去除膜表面污垢。

反渗透（RO）是利用反渗透压作用实现待处理液的分离纯化的技术。反渗透膜是通过模拟生物半透膜人工制备的具有分离特性的膜，一般由高分子材料制成。常见的反渗透膜包括：醋酸纤维素膜、芳香族聚酰胺膜等。反渗透膜表面的微孔直径一般在 $0.5\sim10 nm$ 之间，是最精细的一种分离膜，允许水分子通过的同时可以有效截留分子质量大于 $100 Da$ 的有机物和溶解性盐离子，可有效去除水中盐类、小分子有机物等污染物，在饮用水和污水再生处

理中一般用来进行脱盐操作。

超滤-反渗透工艺就是将超滤和反渗透结合起来的一种水处理方法，因此常称为超滤-反渗透耦合工艺，该工艺是海水淡化处理的核心工艺。超滤-反渗透耦合工艺包括预处理和脱盐两部分。在海水淡化过程中，经过前处理后的海水达到超滤处理单元的进水要求，再经过超滤处理去除海水中的胶体、悬浮物等污染物，进而达到反渗透处理单元的进水要求。超滤-反渗透海水淡化工艺的核心操作为反渗透处理单元，经过反渗透分离可去除海水中的盐度。按照上述工艺流程处理，海水先经过超滤膜分离纯化，再经过反渗透膜脱盐纯化，可实现将海水变为适宜饮用的饮用水。

4.6.3 理论拓展

4.6.3.1 超滤系统稳定性的影响因素

（1）跨膜压差

运行初期，膜污染小，跨膜压差稳定，膜通量较大，系统总体运行较为稳定，此时化学清洗对跨膜压差的影响较小。运行时间增加后，跨膜压差增大，而膜通量逐渐减小，化学清洗效果较好，可适当增加清洗次数降低跨膜压差、恢复膜通量，保证系统运行的稳定性。

（2）尾水浊度

超滤设备在运行初始阶段尾水浊度较低，随后逐渐增加，化学清洗后尾水浊度可恢复到初始水平。此外，进水浊度对尾水浊度有明显影响，两者呈正相关关系。超滤分离通常采用错流过滤，流速对膜通量和系统稳定性有一定影响。流速较高导致膜表面的过滤力、剪切力同时增加，增加了分离过程超滤膜的负荷。较大的剪切力将大颗粒物带出系统，同时过滤力更利于小颗粒物在膜表面或膜孔内的沉积，对膜分离过程产生阻力。与之相反，较低的错流流速会导致较大的颗粒物在过滤力的作用下也发生沉积，易于在膜表面形成沉积层，且难以有效消除膜表面的浓差极化现象。

4.6.3.2 反渗透分离系统关键参数分析

（1）产水量

进水压力影响反渗透分离系统的产水量，进水压力稳定则产水量稳定。由于水的黏度与温度有关，所以水温也影响进水压力，进而影响产水量。在设备运行之初，反渗透设备的产水量比较稳定，随着设备运行时间增长，受反渗透膜结垢等影响，产水量略有降低。总体上看，反渗透设备的系统运行较稳定。

（2）脱盐率

反渗透分离系统的脱盐率通常可以达到95%以上，反渗透分离系统脱盐率的高低主要取决于反渗透分离系统半透膜的选择性。目前，选择性较优异的反渗透膜元件脱盐率高达99%以上。反渗透设备在运行初期，系统脱盐率能够保持稳定，但随着运行时间的增加，会出现脱盐率降低的情况，这主要是由于反渗透膜受到一定程度的污染致使脱盐率下降，可以通过对反渗透膜组件进行清洗或定期更换膜组件的方法使反渗透分离系统脱盐率得到恢复，有利于系统的稳定运行。

4.6.4 实验装置与设备

超滤-反渗透海水淡化工艺综合创新实验装置示意图如图4-5所示，主要设备和仪器见表4-22。

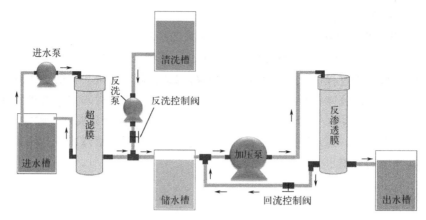

图 4-5 超滤-反渗透海水淡化工艺综合创新实验装置示意图

表 4-22 超滤-反渗透海水淡化工艺综合创新实验设备与仪器表

实验设备	数量	主要仪器	数量
超滤膜分离组件	1 套	浊度仪	1 台
反渗透分离组件	1 套	紫外分光光度计	1 台
自动化控制组件	1 套	电导率仪	1 台
水泵	2 套	ICP 原子发射光谱仪	1 台
高压泵	1 套	pH 计	1 台
水槽	4 套	电子天平	1 台

4.6.5 实训内容与方法

4.6.5.1 实训内容

依据兴趣在以下 4 个实验内容中选择 2 个开展工作。其中，（4）属于创新型实验，可在建议框架下进行适度的拓展与深入研究。建议组成 4~6 人小组，并进行明确的任务分工后开展实验工作。

（1）超滤分离系统对模拟海水的预处理效能及系统运行稳定性研究

① 在超滤分离单元对模拟海水进行预处理的过程中，保持恒定的进水水质及运行参数，记录一定时间间隔的出水量，测试计算超滤出水通量随时间的变化；

② 在超滤分离单元对模拟海水进行预处理的过程中，保持恒定的进水水质及运行参数，每隔一定时间取一次出水水样，测试出水水质随时间的变化情况。

（2）反渗透分离系统对模拟海水的脱盐效能及系统运行稳定性研究

① 在反渗透分离单元对经预处理的模拟海水进行脱盐处理过程中，保持恒定的进水水质及运行参数，记录一定时间间隔的出水量，测试计算反渗透出水通量随时间的变化；

② 在反渗透分离单元对经预处理的模拟海水进行脱盐处理过程中，保持恒定的进水水质及环境参数，调控反渗透操作的运行压力，并记录不同压力条件下反渗透出水通量随时间的变化，总结反渗透系统出水通量与系统运行压力之间的关系。

（3）超滤-反渗透系统海水淡化效能研究

① 保持进水水质及运行参数不变的条件下，稳定运行超滤-反渗透系统对模拟海水进行分离纯化操作，测试计算系统最终的产水量和出水水质；

② 调控模拟海水的水质（包括胶体、悬浮颗粒含量及盐度等），比较原水水质变化时，系统最终出水的水质差异。

（4）超滤分离系统膜清洗效果研究

① 调研学习超滤膜污染消除的新方法和前沿新理论（如：微纳米气泡水清洗技术、反应性自清洁超滤膜等），选择1个未来有潜力应用于超滤膜污染消除领域的新技术，尝试对传统超滤膜污染消除形式或清洗工艺进行改良；

② 启动并运行改良的超滤膜污染消除工艺，并与传统工艺进行比较，评价新工艺的效果及技术经济价值。

4.6.5.2 分析项目与检测方法

系统运行指标：环境温度、运行压力、出水通量、运行时间、清洗方式与时间。

出水水质指标：浊度、pH值、硬度、电导率、截留率。

4.6.6 数据处理与结果分析

4.6.6.1 实验数据记录

每个样品有2～3个平行样，记录时取平均值，并建议进行误差分析。实验记录参考表4-23、表4-24进行。

表 4-23　超滤-反渗透海水淡化综合创新实验系统运行阶段数据记录表

日期	年　　月　　日		记录人				
运行指标	运行压力	组件类型		出水通量		运行时间	
处理指标	取样点	水通量	pH值	硬度	浊度	电导率	截留率
	进水						
	10min 出水						
	20min 出水						
	30min 出水						
	40min 出水						
	50min 出水						
	60min 出水						
其他							

表 4-24　超滤膜清洗系统运行阶段数据记录表

清洗日期	年　　月　　日	操作人	
运行指标	清洗方式（正/反冲洗）	运行压力	
水洗	流量/(L/min)		
	时间/min		
酸洗	流量/(L/min)		
	清洗液酸浓度/(mg/L)		
	时间/min		
其他			

4.6.6.2 数据处理要求

要求数据经误差分析处理后，以图表的形式呈现，达到数据可视化的目的（建议使用Excel 或 Origin 等专业软件）。图表需能够清晰表达数据的关键趋势及实验中的主要发现。举例来说，本实验中可以以运行压力为自变量、水通量为因变量作图，反应该超滤-反渗透海水淡化工艺的处理效率随系统运行参数调控的变化趋势。

对数据应有充分、准确的描述与分析，要结合已掌握的基础理论，进一步查阅专业书籍和专业文献，对实验结果展开充分的讨论。

对实验结果进行凝练总结，最终形成正确、直接、明了的结论。

4.6.7 考核方法

本实验最终成绩包括答辩（30%）和实验报告（70%）两部分，具体权重分配见表 4-25 所示。

表 4-25 超滤-反渗透海水淡化工艺运行与调控综合创新实验考核指标

考核指标	答辩评分（30%）	实验报告评分(70%)					合计得分
		实验记录（20%）	数据处理（30%）	图表规范（10%）	结果讨论（30%）	结论（10%）	

4.7 剩余污泥的厌氧消化处理工艺运行与调控

4.7.1 实训目的

① 采用厌氧消化工艺处理生活污水处理厂的剩余污泥，掌握反应器运行操作、数据采集方法，理解厌氧消化处理污泥生成资源化产品的原理。

② 熟练掌握污泥性质和有机酸、甲烷等指标的分析测试方法。

③ 明晰剩余污泥厌氧消化处理的影响因素，分析厌氧消化反应的限速步骤，运用适当的预处理方法改进处理工艺，调控运行参数优化处理工况。

④ 培养学生分析解决实际问题的能力，根据污泥性质、处理时间、资源回收、经济成本等方面的要求，设计污泥厌氧消化处理的技术方案。

⑤ 培养学生从事科学研究的能力与基本素质，了解厌氧消化的新技术与原理，学会检索科技文献、设计研究方案并开展探索研究。

4.7.2 基本原理

目前，我国污水处理量约为 $1.53 \times 10^8 \, m^3/d$，污水处理的同时产生大量的剩余污泥，其产量为处理污水体积的 0.15%～1%。2018 年，我国污泥产量为 $5.5 \times 10^7 \, t$。剩余污泥的处置方法包括卫生填埋、焚烧、堆肥、厌氧消化、土地利用。脱水剩余污泥中主要是水和有机质，其中，水占 86.9%、碳水化合物占 1.86%、脂质占 0.46%、蛋白质占 7.68%、灰分占

2.24%、固定碳占 0.86%。剩余污泥中可生物降解的有机物约占污泥干重的 30%～60%。厌氧消化作为一种污泥生物处理工艺，主要利用兼性菌和厌氧菌将污泥中的有机质分解转化为沼气。污泥厌氧消化是较为经济的污泥生物处理方法，适用于大型污水处理厂。

污泥厌氧消化主要分为水解、酸化、乙酸化、甲烷化四个阶段（图 4-6）。水解阶段，颗粒态的碳氢化合物、蛋白质、脂肪在胞外水解酶的作用下分解为生物可直接利用的葡萄糖、氨基酸、长链脂肪酸。酸化阶段，水解产物被微生物降解为乙酸、丙酸、丁酸、戊酸、己酸、乳酸、甲酸等有机酸，同时生成 H_2、CO_2、NH_3。乙酸化阶段，微生物利用氢离子或碳酸盐作为电子受体，将酸化产物进一步分解转化为乙酸，同时生成 H_2 和 CO_2。甲烷化阶段，厌氧微生物利用乙酸、H_2、CO_2 及其他含甲基的有机底物生成甲

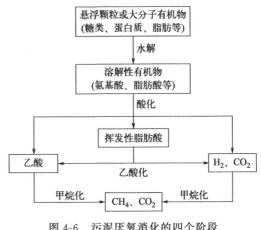

图 4-6　污泥厌氧消化的四个阶段

烷。经过厌氧消化处理，污泥量可减少约 30%，污泥产气量 $6～12m^3/m^3$，甲烷含量 45%～55.9%。

4.7.3　理论拓展

厌氧消化产生的甲烷转化的电能可满足污水处理用电量的 33%～100%。根据温度不同，厌氧发酵可分为中温（30～36℃）和高温消化（50～53℃），尽管高温消化速度快，但外部加热导致成本增加，因此，目前应用的污泥厌氧消化以中温消化为主。

剩余污泥主要由微生物组成，剩余污泥中生物细胞的干重比例高达 70%，由于厌氧消化的有机物大部存在于细胞内，而细胞表面被胞外聚合物包裹，细胞壁对细胞具有一定的保护作用，阻碍了胞内有机物的释放和水解。细胞裂解/水解是厌氧消化的限制因素，可通过热解、碱处理、超声波、臭氧氧化、提高 C/N 等方法对污泥进行预处理，以提高污泥的厌氧消化处理效果。

热解。在受热产生的压力差作用下，微生物细胞破裂，释放胞内有机物，进而在高温下条件快速发生水解。污泥热处理过程中，随着温度升高细胞发生如下变化：45～65℃破裂细胞膜、rRNA，50～70℃破坏 DNA，65～90℃破坏细胞壁，70～95℃导致蛋白质变性。一般热解预处理温度为 60～180℃，反应速率随温度升高而加快。当温度高于 200℃容易发生美拉德反应，还原糖中的醛基与氨基酸中的氨基反应生成难降解的褐色化合物，导致甲烷产量降低。此外，热处理还会降低污泥的黏性、增强沉降性（SVI 降低），进而提高污泥的脱水率。

碱处理。添加碱可以使污泥中的有机颗粒溶胀、纤维成分溶解，导致微生物细胞破裂，经过碱处理后胞内溶出物更容易发生酶解。预处理的 pH 值对溶胞效果有显著影响，较低的 pH 只能破坏污泥絮体结构，较高的 pH 可有效破坏细胞壁和细胞膜。碱处理后高 pH 不利于产甲烷菌生长，并且对设备具有腐蚀作用，因此，通常采用热碱联合的处理方法，减少碱的用量。

超声波。频率为 20～20000kHz 的弹性机械波，穿透力强、能量密度高。超声波处理污

泥液体通过空化作用使液体在毫秒内完成微气泡的形成与爆破，产生巨大剪切力，使得气液界面出现 5000K 高温、几百个大气压的极端环境，导致微生物细胞壁破裂。超声处理增加能量密度比延长作用时间更具有优势。超声处理可以提高污泥厌氧消化的产甲烷速率、污泥的脱水性能。

臭氧氧化。利用 O_3 的强氧化性将细胞壁中的糖类、脂类、蛋白质等物质转化为小分子化合物，破坏细胞壁结构，导致有机物释放；O_3 将有机物进一步氧化成小分子溶解态有机物。氧化剂还可用 Cl_2、H_2O_2，氧化剂用量不宜过高，避免有机物完全氧化变为 CO_2，不利于后续厌氧消化。

提高 C/N。污泥 C/N 为 10～20 适于厌氧消化，而实际剩余污泥的 C/N 仅有 4.60～5.04，因此可以通过外加秸秆、厨余垃圾等有机废物来改善 C/N。C/N 过高，体系 N 不足，缓冲能力低，容易发生有机酸积累，pH 降低，抑制微生物活性；C/N 过低，体系 N 含量过高，容易出现 NH_3 累积，pH 升高，抑制有机物分解。在剩余污泥厌氧消化处理过程中添加一定比例的厨余垃圾，体系的缓冲能力和处理效果得到增强，提高了挥发性固体（VS）的去除率和甲烷产率。

4.7.4 实验装置与设备

厌氧消化处理剩余污泥的实验装置如图 4-7 所示，实验主要仪器设备如表 4-26 所示。

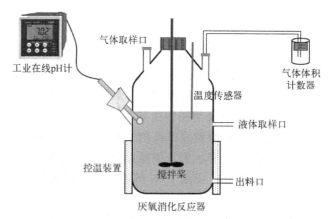

图 4-7　厌氧消化处理剩余污泥的实验装置

表 4-26　厌氧消化处理剩余污泥综合实验的设备与仪器表

实验设备	数量	主要仪器	数量
厌氧消化反应器	1 套	电子天平	1 台
工业在线 pH 在线监测仪	1 套	COD 消解仪	1 台
温控设备	1 套	多参数水质分析仪	1 台
搅拌设备	1 套	烘箱	1 台
气体收集装置	1 套	马弗炉	1 台
循环水泵	1 台	气相色谱（TCD）仪	1 台
食物粉碎机	1 台	气相色谱（FID）仪	1 台
大功率超声仪	1 台	显微镜	1 台
臭氧发生器	1 台	总有机碳测定仪	1 台

4.7.5 实训内容与方法

4.7.5.1 实训内容

依据学生兴趣在以下 4 个实验内容中选择 1 个开展探究工作,其中(4)为探索性实验。学生可在以下框架下,通过调研文献设计实验方案,适当拓展研究内容。综合实验以小组形式进行,每组 4~6 人,明确任务分工开展实验研究,形成研究报告。

(1)剩余污泥性质分析与厌氧消化接种污泥的驯化

① 取城市生活污水处理厂的剩余污泥,分析污泥含水率、pH、TOC、总固体(TS)、VS、TCOD、SCOD、TKN、NH_4^+-N、C/N。

② 剩余污泥添加自来水稀释,接种至中温厌氧消化反应器,监测体系 pH、VFA、NH_4^+、产气量、气体组成。

③ 控制体系 pH 6.0~8.0,当体系停止产气时补充一定量的污泥裂解液。厌氧消化反应器运行 3 个月以上,获得驯化的微生物,作为接种物用于剩余污泥的厌氧消化处理。

(2)预处理对剩余污泥厌氧消化的影响及作用机制

① 选取热解、超声、碱处理、臭氧氧化等预处理方法中的一种,通过调研文献,设计 5 个处理梯度,对污泥进行预处理。分析比较预处理过前后污泥的性质、形貌的变化,关注发生明显变化的参数。

② 将经过预处理的剩余污泥与未处理的污泥分别接种至不同的厌氧反应器,接种相同量的驯化污泥进行厌氧消化处理,控制运行参数一致。

③ 监测体系 pH、VFA、NH_4^+、CH_4。停止产气时,分析污泥的脱水率、VS 去除率。结合实验结果和理论知识,讨论预处理对剩余污泥厌氧消化的影响及作用机制。

(3)剩余污泥与厨余垃圾混合厌氧消化处理工艺

① 取学校食堂的厨余垃圾,用食物粉碎机粉碎。分析厨余垃圾的分析含水率、pH、TOC、TS、VS、TCOD、SCOD、TKN、NH_4^+-N、C/N。

② 将厨余垃圾与剩余污泥进行不同比例的混合,设置 C/N 分别为 10、15、20、30、40 左右,进行厌氧消化处理。

③ 监测体系的 pH、VFA、NH_4^+、CH_4,比较单独剩余污泥与混合厌氧消化处理对污泥 VS 去除率、甲烷产率的影响,分析讨论厨余垃圾增强剩余污泥厌氧消化的技术原理。

(4)电子传递强化剩余污泥厌氧消化的作用机制

① 厌氧消化过程中,产酸菌与产甲烷菌之间存在电子传递。调研文献,选取一种商业化的固态导体材料作为污泥厌氧消化的促进剂。

② 设置对照试验和浓度梯度实验,研究导体材料对剩余污泥厌氧消化过程的影响。

③ 分析监测厌氧消化体系的各种参数,结合理化指标与生物分析方法,揭示导体材料调节剩余污泥厌氧消化的作用机制。

4.7.5.2 分析项目与检测方法

(1)分析项目

剩余污泥性质:含水率、pH、TS、VS、TCOD、SCOD、TOC、TKN、NH_4^+-N、C/N,厨余垃圾分析指标与之相同。

液相指标:VFA、NH_4^+-N。

气相指标：产气体积、N_2、CH_4、CO_2、H_2。

固相指标：SVI、脱水率、TS、VS、TOC、TKN。

运行指标：温度、pH、碱度。

微生物指标：显微镜观察污泥形貌，高通量测序分析微生物群落结构。

（2）检测方法

VFA测定：液相样品离心后过 $0.45\mu m$ 滤膜，加3％甲酸酸化处理后，采用气相色谱仪进行测定。毛细管色谱柱为DB-FFAP，检测器为火焰离子化检测器（FID），载气为高纯 N_2。温度条件设置：程序升温至 $70℃$ 保持 $3min$，之后以 $20℃/min$ 的速度升高至 $180℃$，保持 $3min$，进样口为 $250℃$，检测器为 $300℃$。

气体组分测定：高压进样针从反应器顶空取气相样品 $1mL$，采用气相色谱测定。色谱柱为长 $2m$ 的5A分子筛不锈钢填充柱，检测器为热导检测器（TCD），氩气作为载气。进样口为 $120℃$，柱箱为 $120℃$，检测器为 $130℃$。

4.7.6 数据处理与结果分析

4.7.6.1 实验数据记录

本实验周期为一个月，建议气相、液相指标每2天测一次，固相指标、生物指标在实验初期和末期各测一次，反应器指标每天监测。非连续监测指标测定时需要有2~3个平行样，取平均值，并进行误差分析。实验记录参考表4-27，可根据需要进行细化。

表4-27 剩余污泥厌氧消化实验记录表

日期	年 月 日（第 天）							记录人		
条件	□剩余污泥　　　　　　　　　□预处理（预处理：_____） □厨余垃圾（添加比例：_____）　□导体材料（添加量：_____）									
命名	反应器名称	条件								
固废性质	固废名称	含水率	pH	TS	VS	TCOD	SCOD	TOC	TKN	NH_4^+-N	C/N
	剩余污泥									
	厨余垃圾									
	___ 预处理									
反应器	pH					温度/℃				
	碱度					产气量				
气相指标	反应器名称	CH_4	CO_2	H_2	N_2					
液相指标	反应器名称	乙酸	丙酸	丁酸	戊酸	乙醇	丁醇	甲酸	乳酸	NH_4^+-N	TOC

続表

	反应器名称	SVI	脱水率	TS	VS	TOC	TKN			
固相指标										
生物指标	样品名称									
	显微镜观察									
	测序留样									
其他										

4.7.6.2 数据处理要求

使用 Excel 处理实验数据，用 Origin 等专业绘图软件作图，绘制出 VFA、CH_4 随时间的变化曲线。分析预处理、添加厨余垃圾对剩余污泥厌氧消化的影响。

结合理论知识，调研最新文献，深入分析解释实验结果，针对小组研究内容讨论可能的作用机制。

凝练研究结果，形成正确简洁的研究结论。分析总结经验，为后续相关实验研究工作提供建议。

4.7.7 考核方法

本实验最终成绩包括平时成绩（30%）、实验报告（50%）和小组答辩（20%）三部分，具体权重分配见表 4-28 所示。小组内部实验数据共享，实验报告每人独立完成。小组答辩分数由全班同学打分取平均值，小组得分即个人答辩分数，平时成绩根据小组成员工作贡献组内互评产生。

表 4-28 剩余污泥厌氧消化实验考核指标

平时成绩(30%)	实验报告(50%)					答辩(20%)
个人贡献(100、90、80)	实验记录(20%)	数据处理(20%)	图表规范(10%)	结果讨论(30%)	结论(20%)	评委评分(满分100)

合计得分：

主要参考文献

[1] 奚旦立，孙裕生. 环境监测 [M]. 4 版. 北京：高等教育出版社，2010.

[2] 付必谦. 生态学实验原理与方法 [M]. 北京：科学出版社，2006.

[3] RITTMANN B E, MCCARTY P L. Environmental biotechnology: principles and applications [M]. New York：McGraw-Hill，2001.

[4] 李俐频. A^2O 强化脱氮除磷与污泥减量组合工艺效能及机制 [D]. 哈尔滨：哈尔滨工业大学，2019.

［5］ QIU T L，LIU L L，GAO M，et al. Effects of solid-phase denitrification on the nitrate removal and bac terial community structure in recirculating aquaculture system ［J］. Biodegradation，2016，27（2-3）：165-178.

［6］ 金秋，陈昊，崔敏华，等. 反硝化生物滤池反冲洗周期优化及水力特性 ［J］. 环境工程学报，2019（13）：1425-1434.

［7］ 沈萍，陈向东. 微生物学实验 ［M］. 5版. 北京：高等教育出版社，2018.

［8］ 张翌. 超滤-反渗透双膜法处理渤海湾海水试验研究 ［D］. 哈尔滨：哈尔滨工业大学，2014.

［9］ 郝晓地，蔡正清，甘一萍. 剩余污泥预处理技术概览 ［J］. 环境科学学报，2011，31（1）：1-12.

［10］ 付胜涛，于水利，严晓菊，等. 剩余活性污泥和厨余垃圾的混合中温厌氧消化 ［J］. 环境科学，2006，27（7）：1459-1463.

附录1

环境工程专业实习报告模板

实习分为污水处理与再生利用工程、大气污染控制工程、固体废物处理与处置工程三个模块。每个模块下面都含有 2～3 个实习地点，分为 4～6 个小组专题，具体框架如附图 1 所示。

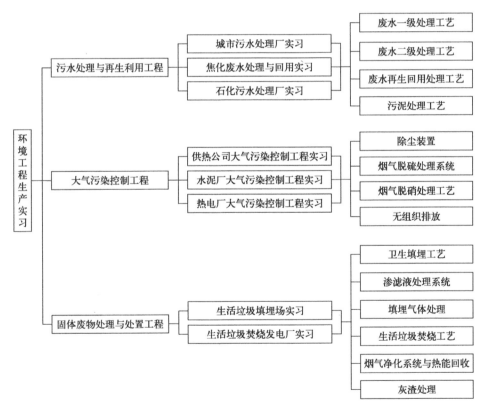

附图 1　环境工程生产实习框架

学生应当完成全部实习内容，教师根据实际情况选择以个人为单位或以小组为单位完成实习报告。实习报告包括封面、目录、报告内容等基本内容。学生可根据实习内容和主题自行设计报告的封面，如果以小组为单位撰写实习报告，需要注明每位同学的分工和具体的工作内容。

  实习报告中的报告内容是主体，应包含本次实习的核心内容，详细介绍相关原理、工厂或项目的情况、厂区平面图、工艺流程图、主要设备及功能、污染防控措施、运行管理，并进行思考总结。环境工程专业实习报告模板以"固体废物处理与处置工程"为例，进行了详细的展示和说明，供读者参考，详见二维码1。

二维码1 环境工程专业实习报告

附录2

环境工程专业综合创新实验报告模板

　　创新实验训练共七个部分，分为校园环境质量监测，校园水体浮游藻类生物监测与评价，厌氧-缺氧-好氧处理校园生活污水的工艺运行与调控，反硝化滤池污水深度脱氮工艺运行与维护，低温硝化细菌的筛选、鉴定与应用，超滤-反渗透海水淡化工艺运行与调控，剩余污泥的厌氧消化处理工艺运行与调控。综合创新实验主要在校内的实验室和实习基地完成，学生可根据实际情况选择相应的实验训练项目。

　　实验报告建议以小组为单位完成，需要注明每位同学的分工和具体的工作内容。实验报告包括封面、目录、报告内容等基本内容，其中报告内容需要包含实训目的、基本原理、材料方法、研究结果、分析讨论、结论。环境工程专业综合创新实验报告模板以"剩余污泥的厌氧消化处理工艺运行与调控"为例，进行了详细展示和说明，供读者参考，详见二维码2。

二维码2　环境工程专业综合创新实验报告